办公软件高级应用实验指导 （第二版）

郑建标　谭　渊　乔韡韡　欧阳开翠　编著

ZHEJIANG UNIVERSITY PRESS
浙江大学出版社
·杭州·

图书在版编目(CIP)数据

办公软件高级应用实验指导 / 郑建标等编著. — 2
版. — 杭州 : 浙江大学出版社,2023.1
  ISBN 978-7-308-23284-5

  Ⅰ. ①办… Ⅱ. ①郑… Ⅲ. ①办公自动化—应用软件
—高等学校—教学参考资料 Ⅳ. ①TP317.1

  中国版本图书馆 CIP 数据核字(2022)第 222390 号

办公软件高级应用实验指导(第二版)

BANGONG RUANJIAN GAOJI YINGYONG SHIYAN ZHIDAO

郑建标　谭　渊　乔韡韡　欧阳开翠　编著

责任编辑	吴昌雷
责任校对	王　波
封面设计	林智广告
出版发行	浙江大学出版社
	(杭州市天目山路 148 号　邮政编码 310007)
	(网址:http://www.zjupress.com)
排　　版	杭州晨特广告有限公司
印　　刷	杭州宏雅印刷有限公司
开　　本	787mm×1092mm　1/16
印　　张	16.75
字　　数	398 千
版 印 次	2023 年 1 月第 2 版　2023 年 1 月第 1 次印刷
书　　号	ISBN 978-7-308-23284-5
定　　价	49.00 元

前　言

计算机是当今社会必备的办公工具,而办公软件是基本的应用软件,高校的学生、教师,以及其他多个行业的从业者都对办公软件的使用有着较大的需求。办公软件的使用对实践的要求比较高,纸上谈兵是学不好的,需要更多的实验和练习,这也是编写本实验教材的初衷。

本书内容以知识点分类,各个实验所需要的学习时间是不同的,有的只要20分钟就能完成,有的则可能需要更长的时间。因此,在具体实验课程中,学校及任课教师可以根据实际情况自行安排。

关于“VBA 与宏”的实验,有点特殊,需要专门谈一下。一般的初学教材对这部分内容根本不展开叙述,但对于办公软件高级应用课程来讲,有必要让学生深入了解这部分内容,甚至要让学生学会最简单的应用编程。为此在本实验教材中,添加了比较多的理论知识内容。但本书毕竟不是编程教材,编程也不是短期能学会的,因此对于普通学生,只要求了解程序的基本知识、能读懂简单的程序、能复制粘贴程序以及能让程序执行起来即可。而对于有某种语言编程经验的教师或技术人员来说,学习这部分内容之后,就可以快速掌握VBA 的入门知识,深入学习就很容易了。

同样,“Office 文档保护与共享”,对于许多教材来说,也是冷门内容,一般不太涉及。为方便社会各界人士学习使用,对于这部分内容本书有单独介绍。

另外,国内有好多企事业单位选用 WPS 作为办公软件。WPS 在国内外被普遍使用,特别是在手机、平板电脑上使用的字表处理类软件中 WPS 在世界上是处于领先地位的。其他如 WPS 的云服务功能,以及与多种设备的无缝连接功能、方便性等遥遥领先于 Microsoft Office,所以本书增加了 WPS 应用的相关内容,方便大家学习使用。

本书总体分为 5 大块:Word 高级应用、Excel 高级应用、PowerPoint 高级应用、其他部分和附录。其中,Word 高级应用由谭渊和欧阳开翠老师编写,Excel 高级应用由郑建标和乔鞴鞴老师编写,PowerPoint 高级应用和其他部分由郑建标老师编写,附录由 4 位老师共同编写。本书在编写过程中,还得到多位同行的指导和帮助,在此表示衷心的感谢。

　　本书所附的实验数据和案例,尽量使用现实生活中常用的案例数据,以使学习者有更多的亲近感。

　　由于本书大部分内容都是老师们原创编写的,再加上作者水平有限,因此不当之处在所难免,希望广大师生和读者提出宝贵意见,以便本书再版时修正。

作者

2018 年 8 月于温州

再版说明

    此次再版,除了内容上有较大的更改外,对软件环境也做了调整。新版以Office 2019 为标准,对所有的截图、内容都进行了修改。针对 2019 版中存在的名词更改、用法有大变动或功能新增等情况,新版有专门叙述。因此本教材可以同时适应 Office 2010 及以上的各版本使用。

    另外,针对 Excel 和附录 2 部分需要说明的是:由于 Excel 函数与函数名大小写无关,为了方便读者阅读、理解和记忆,书中的函数名采用驼峰命名方式,即每个单词的首字母大写、其他字母小写。

作者
2022 年 4 月于温州

目　录

Word 高级应用篇

Excel 高级应用篇

PowerPoint 高级应用篇

其他篇

附　录

Word 高级应用篇

第 1 章

页面设置与视图方式

1.1 知识要点

1.1.1 页面设置

1.排版单位。Word 排版的最小单位共有 3 种,分别是字符、段落和节。

(1)字符排版的最小单位是字符。操作时先选中字符,再对其设置,最少是一个字符。设置项主要在"开始-字体"中,如字体、字号、颜色、加粗、倾斜、下划线等。

(2)段落排版。一个段落是一个整体,只有一种排版设置。若未选中文本,则对当前段进行设置。若需设置多段,则需选中多段内容。设置项主要在"开始-段落"中,如行距、对齐方式、自动编号、缩进等。

(3)节是一个排版单位,若未插入分节符,则全文只有一个节。以节为排版单位的设置,主要在"布局"选项卡下(2010 版为"页面布局")。以节为排版单位的设置项主要有:与纸张相关的(大小、边距、方向、纸张来源)、文字方向、垂直对齐、页眉页脚、分栏、水印、页面背景、脚注、尾注等。一个节内只有一种页面设置,如要进行不同的页面设置,则需要插入分节符,进行分节。

2.分节符。

(1)分节符共有 4 种:连续(不分页,适合分栏)、下一页、奇数页、偶数页。

(2)插入分节符:点击"页面布局-页面设置-分隔符"选择分节符类型,插入分节符,无快捷键可用。

(3)若先选中多行文字,再点击"布局-页面设置-组对话框",选择不同的纸张或分栏设置,再选择"应用于-所选文字",那么系统将自动在选中文本前后各插入一个合适的分节符,并设置页面的项目。而直接点击"布局-页面设置"组中的按钮,会直接设置当前节的项目,与是否选中文本无关。

3.页面设置对话框。可在"布局"选项卡下直接对文档进行页面文字方向、页边距、纸张大小和方向进行设置;单击"布局-页面设置-组对话框",在出现的"页面设置"对话框中,可进行更多的设置。如图1-1所示。

图1-1　布局选项卡与页面设置

注:点击选项卡某组右下角的小箭头,都将打开此组设置的对话框(或窗格),用于对该组进行更详细的设置,后续均称为"组对话框"。还可以直接双击标尺(靠上)打开"页面设置"对话框。

4.多页设置。在"页面设置-页边距"下的"多页"选项进行不同设置,可以打印出多种版式的文档,多页选项如图1-2所示。

(1)普通:一般的输出打印可以选择该项,同时可设置纸张的方向为"纵向"或者"横向"。

(2)对称页边距:书籍和杂志页面的设置可以选取它,同时页边距设置的标记也会相应地改变,原来的左、右边距变成了内侧、外侧。

(3)拼页:打印试卷时可以使用"拼页"选项,纸张选择A3纸时,A3纸横向对折刚好是两张A4纸。

图1-2　多页选项

(4)书籍折页或反向书籍折页:可以设定在一张纸上对折正反面打印输出文档。每面可以打印两个文档,文字的格式和方向可以不同,例如邀请函、毕业证书的打印。"书籍折页"选项可以使邀请函从左打开,"反向书籍折页"选项可以使邀请函从右打开。

注:不管是哪种多页设置,只涉及打印输出时的页码顺序变化,屏幕显示都是按页码顺序的,是相同的。

5.版式设置。

(1)点击"页面设置-版式-节的起始位置",可改变当前节的类型,即当插入一种错误的分节符时,光标停在分节符后,然后进入对话框,在此处更正。

（2）垂直对齐方式在"页面设置-版式-垂直对齐方式"中设置；而水平对齐方式在"开始-段落"中设置。

1.1.2 文档视图

1. 页面视图。Word中提供了多种视图方式，其中页面视图与导航窗格的组合是最适合的文档编辑方式，如图1-3所示。页面视图与最终打印输出几乎完全一样，是"所见即所得"的视图。页眉、页脚的设置，只能在页面视图下进行。

图1-3 页面视图与导航窗格

2. 草稿视图。草稿视图的某些细节不再显示，如图形、页眉页脚、分栏、页边距等。正是由于草稿视图下不显示页边距，因此在只讲求文档内容时，或者文档中有大量分页符、分节符时，可以在屏幕中同时显示多页内容，反而能使版面更直观。Word 2019已经在状态栏右侧的视图按钮中取消了草稿视图，要切换到草稿视图，只能从"视图-文档视图"中选择。

3. Web版式视图。Web版式视图的特点是段落的左右边距不再以纸张的设置为准，它以屏幕窗口为准，不管屏幕大小以及显示比例多少，保证屏幕不浪费，不需要移动水平滚动条，就能查看全文。该视图适合阅读。

4. 阅读版式视图。阅读版式视图，一般以左右两列显示，也不按纸张排版，适合阅读。

5. 大纲视图。

（1）文档在大纲视图中是以大纲的形式显示的，是层次化组织文档结构的一种方式，是适合大纲形式编写的工作环境。

（2）大纲级别有1—9级，默认与正文中的"标题1"—"标题9"样式对应，"正文"样式的文本，在大纲级别中显示为"正文文本"。如图1-4所示的是在大纲视图中的文档结构，当前光标位置是应用"标题1"的段落，左上显示"1级"。

图1-4　大纲视图中文档结构

(3)"大纲"选项卡中的几个功能选项如下。

①"大纲工具-显示级别":文档页面中显示的内容与此有关。例如,选择1级时,页面中显示所有1级标题;选择2级时,页面中显示所有1级和2级标题;选择所有级别时则显示所有的内容。图1-5中显示级别是"1级",内容显示的是1级标题的内容。

图1-5　大纲视图中显示级别为1级时的文档结构

②"主控文档-显示文档":它是一个开关,选中后可创建、插入子文档,也可以合并、拆分子文档,还可以锁定指定的子文档。

6.主控文档。这是一组单独文件(子文档)的容器,使用主控文档可以创建并管理多个子文档,其中每一个子文档都是主控文档的一个节,也是单独的文件。可以将已存在的文档插入主控文档中作为子文档;也可以将一个大型文档分割成几个小的子文档,完成后保存才生效。

例如,使用主控文档"main. docx"来管理"sub1. docx"和"sub2. docx"两个子文档的操作步骤如下:

(1)在大纲视图下新建文档"main1. docx",输入文本"sub1",按下回车,再输入文本"sub2",此时sub1和sub2文本都默认是大纲1级,如图1-6所示。

图 1-6　主控文档中的两个 1 级标题

（2）选中 sub1 和 sub2 标题所在的文本行，单击"主控文档-创建"功能按钮，系统会创建两个子文档，保存后，两个子文档分别被命名为"sub1.docx"和"sub2.docx"，且与主控文档在同一个文件夹中，主文档界面变化如图 1-7 所示。

图 1-7　创建好的子文档在主控文档中的形式

（3）双击子文档图标，子文档会在页面视图中打开，并可以单独编辑，编辑完成且保存后，主控文档中子文档的内容同步被更新，单击"折叠子文档"选项，可显示子文档所保存的路径，如图 1-8 所示。

图 1-8　子文档折叠后的结构

（4）主控文档视图的操作注意事项：

①如图 1-7 所示，每一个框表示一个子文档，每个子文档都是主控文档中的一个节；

②当子文档没有打开时，在主控文档中可对子文档进行编辑修改，编辑修改后保存，子文档也将同步改变。同一个子文档，直接打开后，若文档处于锁定状态，主控文档就不能再打开编辑了；

③单击"折叠子文档"按钮,在主控文档中可显示每一个子文档的路径,对路径进行"Ctrl＋单击"操作,可在页面视图中打开路径中包含的子文档。

1.2 实　验

1.2.1　实验目的

1.熟练掌握 Word 2019 的页面布局方法;

2.掌握大纲视图下各功能选项的使用;

3.掌握主控文档和子文档的概念;

4.掌握主控文档和子文档的创建和管理;

5.熟练掌握主控文档组中各功能按钮的使用;

6.了解主控文档中分节符的意义;

7.掌握域、书签的使用。

1.2.2　实验内容

1.创建主控文档"main1.docx"、子文档"第一章.docx"和"第二章.docx",要求:

(1)在子文档"第一章.docx"中的第一行输入文本"第一章页面布局",样式为"标题1",第二、四、五行为空白行,第三行输入文本"Office 2019 中的页面布局",为第三行文本设置书签"mark";第六行插入书签"mark"标记的文本,样式均为正文;

(2)在子文档"第二章.docx"中的第一行输入文本"第二章样式管理",样式为"标题1",第二行使用域插入该文档创建时间(格式不限),第三行空白,第四行使用域插入该文档的文件名称(格式不限),样式均为正文。

2.将一大型文档分割成几个部分,每个部分存盘为一个独立的文件,并使用主控文档进行统一的管理。

3.多人合作编写一本书,每个人编写的部分分别以"第一章.docx""第二章.docx""……"命名。使用主控文档管理子文档的方式对这些独立的文档进行汇总管理。

1.2.3　实验分析

1.在新建的文件夹中右击新建三个 Word 文档,分别命名为"main1.docx""第一章.docx"和"第二章.docx",双击打开主文档"main1.docx",在大纲视图下插入"第一章.docx"和"第二章.docx"两个文档;分别双击子文档图标打开两个子文档,完成对两个文档的输入,保存。

2.可以将大型文档看成一个主控文档,在"大纲视图-大纲显示"功能选项卡下,将要分割内容的起始行设置为大纲级别(级别 1～级别 9 均可),选择开始到结尾的所有内容,单击"主控文档-创建"即可。

3.在大纲视图下新建一个空白的文档,将独立的文档作为子文档插入,保存后,再切换到页面视图即可。

1.2.4　实验步骤

1.本题可按如下步骤进行操作：

(1)新建一个文件夹,在文件夹中右击建立主控文档"main1.docx",子文档"第一章.docx"和"第二章.docx"。

(2)打开主控文档"main1.docx",切换到大纲视图,单击"大纲显示-显示文档-插入",分别将"第一章.docx""第二章.docx"插入主控文档中,保存。此时"main1.docx"页面如图1-9所示。

图1-9　主控文档中插入两个空白子文档

(3)分别双击子文档图标(矩形框左上角小方块图标),将"第一章.docx"和"第二章.docx"两文档在页面视图中打开;切换到"第一章.docx"文档中,在第一行输入文本"第一章页面布局",应用"标题1"样式,在第三行输入文本"Office 2019 中的页面布局"。

(4)将第三行文本选中,单击"插入-书签",在"书签"界面中输入"mark"书签,单击"添加"按钮,效果如图1-10所示。

图1-10　创建书签

(5)在第六行输入文本"Office 2019 中的页面布局",选中该文本,单击"插入-链接",选择"mark"书签,如图1-11所示,单击"确定"按钮,保存。

图 1-11　超链接到书签示意图

（6）在"第二章.docx"页面视图中，光标置于第一行，输入文本"第二章样式管理"，应用"标题 1"样式，在第二行单击"插入-文档部件-域"，打开"域"对话框，选择 CreateDate 域，插入创建时间。用同样的方法插入文件名域（FileName），如图 1-12 所示。

图 1-12　插入创建文件名域

(7)切换到主控文档界面,观察主控文档页面变化,效果如图1-13所示。

图1-13 主控文档页面

2.本题操作如下:

(1)打开"浙江旅游.docx"大型文档,切换到大纲视图。

(2)将要存为单独文档内容的起始行应用"标题1(或者其他标题)"样式。

(3)选取需要分割为单独文档的内容,单击创建。

(4)重复(2)—(3)步,可以创建若干子文档;保存后,"浙江旅游.docx"则作为主控文档管理刚建好的各子文档。折叠后主控文档如图1-14所示。

图1-14 主控文档折叠后效果

3.本题操作如下：

（1）在大纲视图下新建一个文档，保存为"教材汇总(main).docx"，两次单击"主控文档-插入"按钮，插入文档"第一章.docx"和"第二章.docx"，存盘。插入后的效果如图1-15所示。

图 1-15　主控文档中的两个子控文档

（2）切换到页面视图，观察到"教材汇总(main).docx"文档包含所有插入的子文档的内容。

第2章

页眉页脚与页码

2.1 知识要点

2.1.1 分隔符

Word 的分隔符主要有分页符、分栏符、分节符、自动换行符、硬回车、手动换行符等，合理应用这些分隔符可以方便、快速地对文档进行排版。

1.分页符。在需要分页的位置插入分页符，可在插入点处进行强制分页，且增加了一个页面。快捷键是 Ctrl＋Enter。

2.分栏符。常用在报纸、杂志的排版中，它将一篇文档分成多个纵栏。

3.分节符。使用分节符后则可在一篇文档中进行不同的页面、版式等设置。

4.自动换行符。输入字符到一行所规定的字符数时光标会自动跳转到下一行。

5.手动换行符。按下 Shift-Enter 组合键会使光标移到下一行，使光标前后内容分为两部分，但仍然是一个段落，符号为"↓"。

6.硬回车。单击 Enter 键，系统将光标位置前后的内容分段。

2.1.2 页码

1.单击"插入-页眉和页脚-页眉/页脚"选项，可插入页眉/页脚并进入编辑状态。

2.单击"插入-页眉和页脚-页码"选项，可插入页码，并可选择插入不同页码样式，其位置可在页眉、页脚、页边距等位置，也可以通过域进行插入。

3.对分栏文档页码的设置则需要使用一些域代码。例如，将文档分成两栏后，要在页脚设置每栏的编号，可按如下操作：

(1)初始化 page 为 1。

(2)左边栏输入{＝2＊{page}－1}，右边栏输入{＝2＊{page}}，如图 2-1 所示。

输入的代码是域代码，按 Alt＋F9 组合键可以实现编号与域代码之间的切换。如是域特征字符，需要按 Ctrl＋F9 组合键产生。

注意:若页面分为 N 栏，每一栏编号可按如下域代码得到，其中 N 用具体的栏数替代。

第一栏:{＝N＊{page}－(N－1)}

第二栏:{＝N＊{page}－(N－2)}

············

图 2-1　分两栏编号的域代码

第 $N-1$ 栏: $\{=N*\{page\}-1\}$

第 N 栏: $\{=N*\{page\}\}$

2.1.3　页眉和页脚

图书、论文、杂志等上方和下方标注标题、作者、页码等附加的区域称作页眉和页脚。

页眉位于文档的上方,一般标注文章的标题、章节等,页脚位于下方,一般标注作者、页码、日期等,可以通过单击"插入-页眉和页脚"来插入,如图 2-2 所示。也可在页面视图下,双击页面上下空白处进行页面、页脚设置。

图 2-2　插入页眉和页脚工具组

对于不同的页眉/页脚的设置需要使用分节符,"链接到前一节"为开关选项,默认为选中状态,说明当前节与上一节(对应的奇数页等)设置相同,设置上节和设置本节都会同步;只有开关取消选中,当前节的设置才能和上一节不同。

2.2　实　验

2.2.1　实验目的

1.掌握布局选项卡功能区各选项设置;

2.掌握分节符、分页符和分栏符的插入和应用;

3.掌握页眉/页脚和页码的插入、编辑;

4.掌握多样化页眉/页脚的设置;

5.掌握域的使用。

2.2.2　实验内容

1.对"论文分栏.docx"文档进行分页、分栏设置,要求如下:

(1)分五页显示,第二页、第三页内容分两栏,纸张横排。

(2)第一页、第四页、第五页不分栏,纸张纵排,效果如图 2-3 所示。

图 2-3　最终效果图

2.结业证书的设计,要求如下:

(1)在一张 A4 纸上,正反面拼页打印,横向对折,从右打开。

(2)页面(一)和页面(四)打印在 A4 纸的同一面;页面(二)和页面(三)打印在 A4 纸的另一面。

(3)四个页面要求依次显示如下内容:

①页面(一)显示"结业证书"四个字,上下、左右均居中对齐显示,竖排,宋体,72 号。

②页面(二)显示两行,第一行显示"厚德浚智";第二行显示"学成致用",两行文字稍微错位排列,左右居中显示,竖排,隶书,48 号。

③页面(三)第一行显示"结业证书",格式为:宋体,二号,加粗,水平居中;第二行显示文本"同学:";第三行开始显示:"于年月日参加江海大学第期小教培训学习,成绩合格,予以结业。",格式为:宋体,小三,加粗;页面的右下角显示两行,第一行显示"江海大学教育中心",第二行显示文本"年月日",文字横排,靠右对齐,四号,宋体,加粗。

④页面(四)显示"培训时间:年月日到年月日",文字竖排,上下居中显示。

3.新建文档"中国省会.docx",由三页组成,要求如下:

(1)第一页:第一行内容为"杭州",样式为"标题 1",页面垂直对齐方式为"居中",纸张方向为纵向,纸张大小为 16 开;页眉为"中国杭州",居中显示;页脚为"浙江省省会",居中显示。

(2)第二页:第一行内容为"南京",样式为"标题 2",页面垂直对齐方式为"顶端对齐",纸张方向为横向、大小为 A4;页眉为"中国南京",居中显示;页脚为"江苏省省会",居中显示;对该页添加行号,起始编号为"1"。

(3)第三页:第一行内容为"广州",样式为"正文",页面垂直对齐方式为"底端对齐",页面方向为纵向,纸张大小为 B5;页眉内容设置为"中国广州",居中显示;页脚为"广东省省会",居中显示。

2.2.3　实验分析

1.因第二页、第三页与第一、四、五页排版方式不同,可使用两个连续分节符将五页分为三个节。将第二节分栏,在分栏界面中设置栏宽不相等,并通过标尺上的"移动分栏调节滑块"对两边栏宽进行调节。

2.在一张纸上对折打印四个页面,向右打开方式要设置"多页-反向书籍折页",并通过插入"分节符(下一页)"来插入页面;水平方向文字的上下居中和垂直方向文字的左右居中均需要设置页面"垂直居中"。

3.本题可以从三个方面考虑:

(1)将三个页面用两个分节符分隔为三个节;

(2)需要对纸张大小和文本的页面垂直对齐方式进行设置;

(3)设置页眉/页脚时,注意取消"链接到前一节"的功能。

2.2.4　实验步骤

1.论文分页操作如下:

(1)打开"论文分栏.docx"文档,分别将光标置入第一页和第三页的末尾,单击"布局-分隔符-分节符-连续",插入一个连续分节符。

(2)将光标置入第二页或第三页中,将纸张方向设置为横向。

(3)单击"布局-栏-更多分栏",打开图 2-4 所示的分栏界面,将"栏数"设置为2,"栏宽相等"不勾选,单击"确定"按钮。

(4)通过调节分栏页面上方标尺中的"移动分栏调节滑块"可调节各栏的宽度,如图 2-5 所示,最后效果如图 2-6 所示。

图 2-4　栏宽不等选项参数

图 2-5　标尺上的移动分栏调节滑块

图 2-6　分栏最后效果

2.结业证书操作如下：

（1）新建一个文件，保存为"结业证书.docx"。

（2）打开"页面设置"界面，设置纸张为 A4 纸，"多页"设置为"反向书籍折页"，如图 2-7 所示。

图 2-7　结业证书页面设置示意图

（3）插入三个"分节符（下一页）"。

（4）第一页：在第一行输入"结业证书"，设置字体为隶书，大小 72 号，居中对齐，单击"布局-文字方向-垂直"，设置页面中文字为垂直显示，如图 2-8 所示；单击"布局-页面设置-布局-垂直对齐方式"，选择"居中"，如图 2-9 所示。

图 2-8　文字方向设置

图 2-9 垂直对齐方式设置及效果

(5)第二页:第一行输入"厚德浚智",第二行输入"学成致用",隶书,48号,设置文字方向为垂直,页面垂直居中,效果如图 2-10 所示。

图 2-10 第二页效果图

(6)第三页:

第一行:输入文本"结业证书",宋体,一号,加粗,水平居中;

第二行:输入"同学:";

第三行:输入"于年月日参加江海大学第期小教培训学习,成绩合格,予以结业。"宋体加粗,小三;

页面右下角,输入两行文本,第一行文本为:"教育中心",第二行文本为:"年月日",文字横排,靠右对齐,宋体,四号,加粗。效果如图 2-11 所示。

图 2-11　第三页效果

(7)第四页:在第一行,输入"培训时间:年月日到年月日",文字方向垂直,上下居中显示。

(8)将每个页面的纸张方向都设置为"横向",效果如图 2-12 所示。

图 2-12　结业证书四页效果

3.省会内容操作如下:

(1)新建一个文档,插入两个"布局-分隔符-分节符(下一页)";存盘为"中国省会.docx"。

(2)第一页:16 开,纵向;在第一行输入"杭州",应用"标题 1"样式,设置"页面垂直对齐方式"为"居中"。

(3)第二页:A4 纸,横向;在第一行输入"南京",应用"标题 2"样式,"页面垂直对齐方式"设置为"顶端对齐"。

(4)第三页:B5 纸,纵向;在第一行输入"广州",应用"正文"样式,"页面垂直对齐方式"设置为"底端对齐"。

（5）双击文档中页眉区，在第一节页眉区输入"中国杭州"，居中，在第一节页脚区输入"浙江省省会"，居中。

（6）光标定位到第二页页眉，取消"链接到前一节"按钮，如图 2-13 所示，输入文本"中国南京"，居中，光标定位到页脚区，取消"链接到前一节"按钮，输入"江苏省省会"，居中；用同样方法，输入第三页的页眉和页脚，效果如图 2-14 所示。

图 2-13 "页眉/页脚"上下文工具

图 2-14 "中国省会.docx"最终效果

第 3 章

文档样式管理

3.1 知识要点

3.1.1 系统预设样式与自定义样式

Word 中"开始-样式"组下的样式是系统预设的样式,用户可以随意使用,用户也可以通过自定义样式得到独具特色的样式。

单击"开始-样式-组对话框"按钮,打开"样式窗格-创建新样式",界面如图 3-1 所示,界面中各选项可根据需要进行设置。

图 3-1 样式窗格与创建新样式界面

1."样式类型"属性可设为段落、字符、列表、表格、链接段落和字符等,如图 3-2 所示。

(1)段落:可以设置段落的样式。

(2)字符:可以设置字符的样式。

(3)链接段落和字符:可以同时设置字符和段落的样式。该类型的样式,选中文本后,单击该样式,被选中的文本应用了该样式,若没有选中的文本,则样式应用于光标所在的段落。

图 3-2　样式类型

(4)表格:设置表格样式,应用于表格。

(5)列表:设置列表样式,应用于列表。

2."样式基准"选项可选择一个已经有的样式作为基准样式,新的样式可以在该样式的基础上进行修改,若不修改,则新建样式与基准样式完全一致。

注意:若新建样式应用在正文上,选择样式基准为正文或者基于正文的样式;如果应用在标题上,选择样式的基准为标题样式或者基于标题的样式。

3.添加到样式库:选择此项后,新建样式自动添加到系统样式库中。

4.自动更新:选择此项后,若该样式被修改,文档中应用到该样式的内容会自动更新为修改后的格式。

5.仅限此文档:修改后的或新建的样式仅在当前文档中的快速样式库和样式窗格中出现。

6.基于该模板的新文档:新建的或修改后的样式应用到新建的文档中。

7.格式:单击"格式"按钮,可进行格式多个的设置。例如,可进行字体、段落、制表位等格式的设置。对话框中没有的项目,都可通过"格式"的下一个对话框设置。

注意:右击"样式"任务窗格中某一个样式,选择"修改",可对样式进行修改,修改完毕后单击"确定"按钮。

3.1.2　多级列表

设置多级列表时可将大纲级别与标题样式链接,链接后可对文档中的章、节进行自动编号,从而实现自动为图形、表格、公式或其他项目添加包含章节的题注、目录编号及内容,并且在页眉中还可以通过插入"域"的方法来自动插入文档标题编号及标题内容。

单击"开始-段落-多级列表( )-定义新多级列表"可进行多级列表的设置,在对话框中,需要点击"更多",使用较大的对话框。

1.在级别1格式设置时,对"输入编号的格式"设置可从"此级别的编号样式"中选择一种阿拉伯数字样式,然后前面加"第",后面加"章"。

2.在级别2格式设置时,若"输入编号的格式"此时为空白,且需要包含多个级别时,则较高级别设置可通过从"包含的级别编号来自(D)"选项中选择,本级别则从"此级别的编号样式"选项中选择,其余固定的符号或者文字均可以从键盘直接输入。如图3-3所示。

3．右侧"将级别链接到样式"要选择与当前级别对应的样式。

4．所有级别要一次性设置完毕，最后"确定"完成。

图 3-3　定义多级列表的设置

3.1.3　插入题注

1．题注：即图表中的自动编号。插入或删除一个题注，后续的编号会自动更新。

2．第一个题注的插入，将光标定位到需要插入题注的位置，单击"引用-题注-插入题注"，打开如图 3-4 所示的"题注"界面。

图 3-4　"题注"设置

3.若标签列表中有所需的标签名,可直接选择,否则需点击"新建标签"按钮,新建一个标签。

4.若编号需要包含章节号,则需单击"编号"按钮,弹出如图 3-5 所示的"题注编号"界面,将"包含章节号"选项前面的复选框勾上。

注意:要使"题注"包含"章"或"节"编号,需要先设置标题样式与多级列表。

图 3-5 题注编号与章节号关联设置

3.1.4 交叉引用

使用"交叉引用"功能可对文档中添加的带有编号或符号项的注释内容加以引用说明,具体实现可单击"插入-链接-交叉引用",或者单击"引用-题注-交叉引用",选择一种引用类型后,再选择相应的引用项目。如果引用是题注,则类型中直接出现各种标签的题注,并无"题注"的类型。

在选取一个题注后,"引用内容"选项中,一般选取"只有标签和编号"。单击"插入"即可插入题注的引用,如图 3-6 所示。插入一个引用后,保留该对话框,可在文档中更换位置后,继续插入另一个引用。

图 3-6 "交叉引用"选项设置

3.1.5 脚注与尾注

脚注一般置于每页的底部,尾注则置于每节或文档的结尾,作为文档中某些字符、专有名词或术语的注释。在"引用"选项卡上,可插入脚注或尾注,单击"引用-脚注-组对话框"，如图 3-7 所示，可以设置相应的属性。

图 3-7　脚注与尾注对话框　　　　　　图 3-8　插入书签

3.1.5　书签

1. 插入书签。Word 中的书签是一个虚拟标记，是为了方便超链或引用而标识和命名的位置或文本。选取需要插入书签的文本，单击"插入-书签"可打开"书签"界面，如图 3-8 所示。输入书签名后单击"添加-确定"即可为选择的文本添加书签。

2. 定位到书签。在"书签"对话框中，勾选"隐藏书签"左边的复选框可显示全部书签，单击删除可以删除选中的书签；单击"定位"可以将光标定位到指定的书签位置。

3. 链接到书签。选中需要链接到书签的文本，单击"插入-链接-书签"，选择具体书签名，可为选择的文本创建到书签位置的超链接，如图 3-9 所示。

图 3-9　超链接到书签

3.1.6　引文和书目

使用引文与书目功能可以自动生成参考文献目录,简化用户对参考文献的管理。学术论文中若有引用参考文献中的观点、数据,在引用处可以使用引文的方式对其进行标注。

3.2　实　验

3.2.1　实验目的

1.熟练掌握样式的概念;

2.熟练掌握内置样式的使用;

3.熟练掌握自定义样式的创建与使用;

4.熟练掌握多级列表编号的设置;

5.熟练掌握自动生成目录的方法;

6.进一步熟练域的使用。

3.2.2　实验内容

1.在"论文.docx"中新建样式 p1,并使用三种方法将 p1 应用到毕业论文的正文中。p1 样式为:宋体,小四,1.5 倍行距,首行缩进 2 字符,段前、段后均为 0.5 行。

2.新建文档"AOA.docx",由两页组成,要求如下:

(1)第一页　内容如下:

第一章　版面设计

　　第一节　开始文件

　　第二节　应用实例

第二章　内容编排

　　第一节　图文混排

　　第二节　应用实例

第三章　域与修订

　　第一节　域的概念

　　第二节　应用实例

其中:章和节的序号为自动编号(多级符号),分别使用样式"标题 1"和"标题 2"。

(2)新建样式 p2,使其与样式"标题 1"在文字格式和外观上完全一致,但不会自动添加到目录中,并应用于"第二章内容编排"中。

(3)在第二页自动生成目录,目录单独成为一节,并观察生成的目录与标题的关系。

3.2.3　实验分析

1.打开"样式窗格",创建 p1 样式,选择需要应用的文本后单击样式 p1,文本就应用了样式 p1；先将某一段落应用 p1，选中该段落，双击格式刷，再单击其他正文文本段落，被单击的段落即应用了 p1 样式；通过查找/替换功能，查找文本现在的样式并替换成 p1 样式。

2.先进行多级列表设置，再将标题 1、标题 2 样式应用到文档中章、节标题上；光标置于第二章所在的行，新建 p2 样式，修改"段落"设置界面中的大纲级别为"正文文本"，退出后，观察导航窗格中标题的变化情况；自动插入目录，会发现第二章不在目录中。

3.2.4　实验步骤

1.本题可按如下步骤进行操作：

(1)打开"论文.docx"文档，单击"样式窗格-创建样式 "，创建 p1 样式，如图 3-10 所示；填写"属性"选项中相应的参数，再分别设置左下角"格式"选项中的字体和段落属性。

图 3-10　新建样式 p1

(2)字体、字号可直接在对话框的"格式"中设置。

(3)段落的设置，需要点击左下角的"格式-段落"进行设置：1.5 倍行距，首行缩进 2 字符，段前、段后 0.5 行。

(4)应用样式的 3 种方法：

①使用"查找/替换"样式的方法应用样式：打开"查找和替换"界面，将光标置入"查找内容"文本框处，单击左下角的"更多"按钮，再单击"格式-样式"选项，选择文档中正文使

用的样式,再将光标置入"替换为"文本框处,单击左下角"格式-样式",选择新建的"p1"样式,单击"全部替换"。

②选中正文中某段落后单击 p1 样式,双击"开始-格式刷",再逐一单击其他需要使用 p1 样式的段落,单击的段落即应用了新样式 p1;

③将光标置于需要应用 p1 样式的某段落,右击"样式"任务窗格中该段落对应的样式,单击"选择所有×(×是文档中具体的数字)个实例"或者"全选"(有时出现的是该选项),单击新样式 p1,即对所有选择的实例都应用了 p1 样式。

图 3-11　段落设置

2.本题操作步骤如下:

(1)打开"AOA. docx"文档,将"视图"功能选项下"导航窗格"和"标尺"前的复选框勾选。

(2)将光标移到文档中"章"标题行,单击"标题 1"应用标题 1 样式,将光标移到"小节"标题行,单击"标题 2"应用标题 2 样式。单击"导航窗格"中某一个标题,显示的是文档中应用了标题样式的标题,光标可快速定位到文档中该标题处,如图 3-14 所示。

(3)单击"开始-段落-多级列表"选项,在弹出的界面中选择"定义多级列表"选项,打开"定义多级列表"界面。

(4)在"单击要修改的级别"中选择 1,在"此级别的编号样式"选项的下拉列表中选择大写数字的编号样式,在"输入编号的格式"文本框中的编号前和后分别输入"第"和"章",设置右侧的级别 1 与标题 1 对应,如图 3-12 所示。

(5)在"单击要修改的级别"选项中选择级别 2,按图 3-13 所示设置各选项,单击"确定"按钮退出。

图 3-12　定义新多级列表的级别 1

图 3-13　定义新多级列表的级别 2

（6）将光标置入第二章所在的行，创建新样式，如图 3-15 所示，单击"格式–段落"，修改大纲级别为"正文文本"，如图 3-16 所示，p2 样式建立完毕，光标所在的第二章也应用了 p2 样式。效果如图 3-17 所示，生成的目录如图 3-18 所示。

图 3-14　应用了标题 1 和标题 2 样式的效果

图 3-15　新建样式 p2 设置

图 3-16　设置 p2 样式中段落属性的"大纲级别"

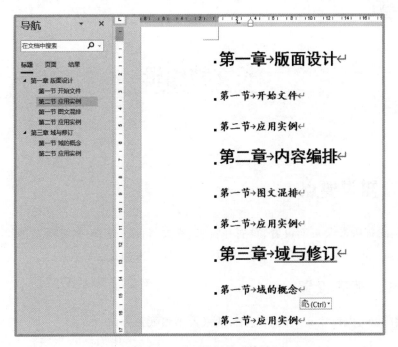

图 3-17　页面排版最后效果

图 3-18　页面排版完成后的目录

第 4 章

长文档编辑

4.1　知识要点

长文档的排版涉及页面设置、页眉和页脚、样式、目录、分节、多级列表、题注等众多知识点，看似很长很复杂，但梳理后主要由以下一些操作来完成。

4.1.1　页面设置

开始编辑时，先设置文档的页边距、纸张大小和纸张方向。

4.1.2　标题样式的套用

Word 有两个地方可套用样式库，第一类被称为快速样式库，位于"开始-样式"组；第二类是"样式"窗格中的样式列表。

4.1.3　基于标题样式的多级列表设置

根据长文档的列表要求，一次性设置好基于标题样式的多级列表，先设置第 1 级编号，再设置第 2 级编号，再设置第 3 级编号，且必须一次性把各级编号设置完全。设置完成后，Word 会自动在标题 1、标题 2、标题 3 样式所在的段落前添加完成多级编号。

4.1.4　带章节编号的题注设置

单击"引用-题注-插入题注"，在"题注"对话框中，分别新建名为"图"和"表"的题注标签。一般设置"图"位于所选项目下方，而"表"位于所选项目上方。需要注意的是，如果题注包含的章节号有误，原因多是上个步骤设置各章节多级编号时出错，请返回检查各章节的多级编号。

如需要设置题注的交叉引用，只需单击"引用-题注-交叉引用"，即可将题注编号插入到文章中。

4.1.5　新建正文样式

正文样式，一般有一定的字体、字号和行距要求，不带编号，不带大纲级别（段落下大纲级别设置为正文文本）。可通过"样式任务"窗格来新建样式。

4.1.6　分节设置

根据需要将全文分节。单击"布局-分隔符-分节符"插入分节符,合理选择"下一页/连续/偶数页/奇数页"等各种分节符。

4.1.7　创建页眉和页脚

单击"插入-页眉和页脚-页眉/页脚"进行设置。不同节的页眉和页脚可以不同,前提是要取消"链接到前一节"。在页眉中可以插入域,如通过"插入-文档部件-域- StyleRef 域"提供的可选项,可以自动引用指定样式的文字和编号到页眉位置。此外,页脚的页码格式也可设置不同的显示效果。

4.1.8　创建目录

单击"引用-目录-自定义目录"创建全文目录。单击"引用-题注-插入表目录",可创建文档的图目录和表目录。目录也是一种域,当文档内容出现更改,可右击目录,选择"更新域"来更新目录。

4.2　实　　验

4.2.1　实验目的

1. 掌握长文档编辑的基本方法;
2. 掌握自定义样式的创建与使用;
3. 掌握多级列表编号的设置;
4. 掌握题注的添加与编辑;
5. 掌握脚注的添加与编辑;
6. 掌握交叉引用的使用;
7. 掌握自动生成目录的方法;
8. 掌握表目录的插入;
9. 掌握分节符的使用,对文章进行合理分页;
10. 掌握多重页眉/页脚和页码的设置;
11. 掌握常用域的使用和域的更新。

4.2.2　实验内容

对"乒乓球.docx"进行编辑,要求如下:

1. 对正文进行排版,其中:

(1)章名使用样式"标题 1",并居中;

编号格式为:第 X 章(例:第 1 章),其中 X 为自动排序。

(2)小节名使用样式"标题2",左对齐;

编号格式为:多级符号,X.Y(例:1.1)。X为章数字序号,Y为节数字序号。

2.新建样式,样式名为:姓名+学号最后两位,其中:

(1)字体:中文字体为"楷体_GB2312",西文字体为"Times New Roman",字号为"小四";

(2)段落:首行缩进2个字符,段前0.5行,段后0.5行,行距1.5倍;

(3)其余格式保持默认设置。

3.将2中的样式应用到正文中无编号的文字。注意:不包括章名、小节名、表文字、表和图的题注。

4.对正文中的图添加题注,位于图下方,居中。

(1)编号为"章序号"-"图在章中的序号";

(2)图的说明使用图下一行的文字,格式同编号;

(3)图居中。

5.对正文中出现的"如下图所示"的"下图",使用交叉引用,改为"如图X−Y所示",其中"X−Y"为图题注的编号。

6.对正文中的表添加题注,位于表上方,居中。

(1)编号为"章序号"-"表在章中的序号";

(2)表的说明使用表上一行的文字,格式同标号;

(3)表居中。

7.对正文中出现的"如下表所示"的"下表",使用交叉引用,改为"如表X−Y所示",其中"X−Y"为表题注的编号。

8.对于正文文字(不包括标题)中首次出现的"乒乓球"的地方插入脚注,添加文字"乒乓球起源于宫廷游戏,并发展成全民运动"。

9.在正文前按顺序插入节,使用"引用"中的目录功能,生成如下内容:

(1)第1节:目录。其中:

①"目录"使用样式"标题1",并居中;

②"目录"下为目录项。

(2)第2节:图索引。其中:

①"图索引"使用样式"标题1",并居中;

②"图索引"下为图索引项。

(3)第3节:表索引。其中:

①"表索引"使用样式"标题1",并居中;

②"表索引"下为表索引项。

10.对正文做分节处理,每章为单独一节。

11.添加页脚。使用域,在页脚中插入页码,居中显示。其中:正文前的节,页码采用"i,ii,iii,…"格式,页码连续;

(1)正文中的节,页码采用"1,2,3…"格式,页码连续,并且每节总是从奇数页开始;

(2)更新目录、图索引和表索引。

12.添加正文的页眉。使用域,按以下要求添加内容,居中显示。其中:

(1)对于奇数页,页眉中的文字为"章序号"+"章名";

(2)对于偶数页,页眉中的文字为"节序号"+"节名"。

最终效果如图 4-1 所示。

图 4-1　最终效果

4.2.3　实验分析

正文和标题的样式设置,其先后与顺序无关,但为了方便,可以先全文选中,一次性设置正文样式,再分别设置各标题的样式。全文设置新样式后,标题、题注的样式后续要重新设置,先设置成新样式也没关系;表格中的文字,需要重新设置为"正文文本"的样式。

定义多级列表前,要先分别设置章节标题为"标题 1"和"标题 2"。设置多级列表时,最好把光标停在第一章中,这样更直观。设置多级列表要一次性定义好 1 级和 2 级编号,并将其链接到标题 1、标题 2 样式。

接着对图、表分别插入带章编号的题注。由于插入题注时,系统会记忆上次标签,因此先完成所有的图题注,再完成表题注会更方便。

对文档中相应的"如下图所示"或"下表所示"使用交叉引用。插入交叉引用后,对话框会保留,光标可以在正文与对话框间切换,完成所有图、表的引用设置。

制作目录页,在第 1 章前插入 3 个节,目录、图索引、表索引各单独占一节。并使用"引用"功能区的选项分别自动创建文档章节目录、表索引目录和图索引目录。

在插入分节符时,建议切换到草稿视图下完成,这样可更容易地查看各个分节符是否插入正确,若有多余的分节符,应该及时删除。定位到每一章前,插入一个"分节符(奇数页)",若分节符是"标题 1"样式,建议将其更改为"正文"样式。分节符可以通过剪切板复制,粘贴到每章前面去:直接点击导航窗格的章名称粘贴即可。在第 1 章前再插入 2 个"分节符(下一页)"。

设置页眉/页脚,不同的节可以有不同的页眉/页脚。不同的节,页脚的格式也可不同。注意页码格式的设置和"链接到前一节"开关按钮的灵活使用。另外,页眉中的章、节编号和内容可使用域的方式来自动填入,单击"插入-文档部件-域—StyleRef"可以实现。

最后注意更新域,预览文档最终编辑效果,并保存文件。

4.2.4 实验步骤

准备工作:选中"开始-段落-隐藏/显示编辑标记( )"使文档中的编辑标记显示;勾选"视图-导航窗格"和"标尺"选项将导航窗格和标尺打开,这样方便后续操作。如图4-2所示。

图 4-2 设置好多级列表后的标题样式应用

编号按题目要求编排,实际顺序建议:①标题样式与多级列表,②自定义样式,③全选应用,再按顺序做后续工作。

1.编辑与应用样式的操作步骤如下:

(1)将光标定位到"第一章乒乓球的起源、沿革"标题行,单击"开始-段落-多级列表-定义新的多级列表",打开"定义多级列表"界面。

(2)设置1级和2级的编号格式,如图4-3所示,注意加框标识的设置,设置完成后点击"确定"按钮。

(3)将标题1应用于章名,将标题2应用于小节名,并删除多余重复的编号(原手工输入编号)。此时,在导航窗格可以看到各标题导航。

(4)若标题2样式没有出现在快速样式中,可在"样式"窗格的选项卡中勾选"在使用了上一级别时显示下一标题"使之出现,如图4-4所示。如

图 4-3 定义级别 2

果在"选择要显示的样式"下面的选项中选择"所有样式"时,标题样式将会全部显示。应用了标题 1 和标题 2 后,效果如图 4-2 所示;文档中所有的标题应用好标题样式后,导航窗格中的标题如图 4-5 所示。也可以不用修改选项,点击"样式窗格-样式管理-推荐",找到"标题 2",点击"显示"按钮,确定后即可显示标题 2。

图 4-4　显示标题 2 样式的 2 种方法

图 4-5　导航窗格中的标题导航

2.新建样式的操作步骤如下:

将光标定位到正文,在"样式"窗格中选择"新建样式"图标,新建样式"张三 01",如图 4-6、图 4-7 所示。

图 4-6　新建样式

图 4-7　"段落"对话框

3.应用样式的操作步骤如下:

设置好后,将样式"张三 01"应用到除了章名、小节名、表文字、表和图的题注外的正文文字中。

若先新建样式,可直接按 Ctrl＋A 全选,一次性全部应用即可,否则只能先设置一个,再用格式刷来刷所有的正文文本。

4.添加题注"图"的操作步骤如下:

将光标定位在图说明(图的下一行文字)前,单击"引用-题注-插入题注",设置"题注"对话框如图 4-8 所示,插入题注后,将图和图的题注居中(Ctrl＋E),如图 4-9 所示,并同法依次设置所有图的题注。

图 4-8　添加题注"图"

图 4-9　居中图与题注

5.添加图的交叉引用的操作步骤如下:

找到图上面文字的"如下图所示"位置,选中"下图"两个字,单击"引用-题注-交叉引用",在弹出的"交叉引用"对话框中选择对应的图,在"引用内容"中选择"只有标签和编号",如图 4-10 所示。

图 4-10　图的交叉引用

6.添加题注"表"的操作步骤如下:

将光标定位在表说明(表的上一行文字)前,单击"引用-题注-插入题注",设置"题注"对话框如图 4-11 所示。

图 4-11　添加题注"表"

7.添加表的交叉引用的操作步骤如下:

与插入图的交叉引用方法一样,不同的是在图 4-10 所示的"引用类型"中选择"表",然后选择相应的表题注,确定即可。

8.添加脚注的操作步骤如下:

将光标定位到正文文字(不包括章节标题)中首次出现的"乒乓球",单击"引用-脚注-

插入脚注",然后输入"乒乓球起源于宫廷游戏,并发展成全民运动",如图 4-12 添加脚注。

图 4-12 添加脚注

9.目录页制作的操作步骤如下:

注:为了方便操作,可切换到"草稿视图",并选中"开始-显示/隐藏编辑标记"按钮,这样可以看到分节符的设置情况。这 4 种分节符,都是通过"布局-分隔符-分节符"来插入,后续引用表述只提"某分节符",如图 4-13 所示。分节符本身,最好设置为"正文文本"样

图 4-13 插入分节符(下一页)

式。有多余的分节符可使用键盘上的 Delete 键删除。若分节符类型错误,可把光标停在分节符后,在"布局-组对话框-版式-节的起始位置"里更改。

(1)在正文前插入 2 个"下一节分节符"。

(2)在 3 个节中分别输入"目录""图索引""表索引"等文字,应用标题 1 样式,但删除其章编号。

(3)光标定位在第一节"目录"两字后,居中,并单击"引用-目录-插入目录",弹出目录对话框,确定即可,如图 4-14 所示。

图 4-14 "目录"对话框

(4)定位在第二节"图索引"三个字后,居中,并单击"引用-题注-插入表目录",弹出图表目录对话框,设置题注标签为"图",确定即可。

(5)定位在第三节"表索引"三个字后,居中,插入方法与插入"图索引"相同,只需将图 4-15 中的题注标签设置为"表",确定即可。

10. 对正文文章内容分节的操作步骤如下:

在第 1 章前插入一个"奇数页分节符",设置成正文文本后,选中、复制,然后粘贴到后续每一章前面(点击导航窗格的章,直接粘贴即可)。

特别注意在第 1 章和目录页之间应该只有一个奇数页的分节符,如图 4-16 所示。

11. 添加页脚的操作步骤如下:

页眉和页脚操作,只能在页面视图下进行,因此后续操作要切换到页面视图进行。

(1)在页面视图下,将光标定位在第 1 页"目录"页,双击页脚区,快速进入页脚编辑;首先勾选"奇偶页不同"选项,如图 4-17 所示。

图 4-15　插入图索引

图 4-16　第 1 章前插入的奇数页分节符

图 4-17　勾选"奇偶页不同"选项

然后,单击"文档部件-域- Page",选择格式,插入页码,居中,如图 4-18 所示。

图 4-18　通过 Page 域插入页码

注意:奇数页页脚和偶数页页脚需要分别插入。

(2)将光标定位在"第 1 章"(第 4 节)所在的奇数页页脚上,取消如图 4-17 所示的"链接到前一节",使当前页脚右边"与上节相同"的文字消失,删除前面插入的罗马格式的页码,使用(1)中插入页码的方法重新插入页码,且格式设置为阿拉伯数字,居中。

(3)单击"页码-设置页码格式",打开如图 4-19 所示的页码格式设置界面,设置起始页为 1。

图 4-19　设置正文起始页码

(4)第 1 章的偶数页页脚同样需要插入一次页码。后续章、奇偶页都选中"链接到前一节"即可。

注:若其他章的页码与上一章没有连续编号,按照图 4-19 所示,勾选"续前节"即可。这样,目录页和正文页的页码就设置好了。

12. 添加奇数页的页眉的操作步骤如下:

(1)前 3 节不需要页眉,不要设置。

(2)在页眉页脚编辑视图下,将光标定位在第 1 章第 1 页的页眉上,取消"链接到前一节",使当前页眉右侧"与上节相同"的文字消失。

(3)然后在页眉中,单击"文档部件-域-StyleRef",样式名选择"标题 1",勾选"插入段落编号"选项,按"确定",插入章编号,如图 4-20 所示。

图 4-20 通过域插入章的编号

(4)再按(2)操作一次,此时不勾选"插入段落编号"选项,插入章名内容。插入好的奇数页页眉如图 4-21 所示。

图 4-21 设好的奇数页页眉

(5)偶数页页眉操作与奇数页相同,唯一不同点是 StyleRef 域的样式选择"标题 2"。到此,正文奇偶数页页眉均已设置好。

(6)完成编辑后,退出页眉/页脚编辑。因为页码变动,所以要更新目录,直接在目录上右击鼠标,选择更新目录即可,如图 4-22 所示。用同样的方法更新图索引和表索引。

也可以用 Ctrl＋A 全选全文,再按 F9 更新域。

图 4-22　更新域

第 5 章

目录和索引

5.1 知识要点

5.1.1 目录的创建

目录可以通过手动创建,也可以自动创建。

自动创建目录时生成目录项的标题必须应用"标题"样式,生成目录后按住 Ctrl 键并单击目录项即可访问目录页,文档中的页码发生变化后也可以右击目录选择"更新域"来更新。

手动创建目录可以通过手动目录方法、自定义制表位方法以及插入目录域的方法来实现。

1. 自动目录的创建。自动目录可通过单击"引用-目录-自定义目录(或自动目录)"来创建,弹出如图 5-1 所示"目录"界面,选择相应的选项后,单击"确定"按钮即可。

图 5-1 自定义目录

2.手动目录创建:

(1)可以通过单击"引用-目录-手动目录"来创建一个目录结构,再手动添加目录项。

(2)设置制表位创建手动目录,可按如下方法操作:

①单击标尺下边缘添加一个"左对齐制表符",双击"制表符"可打开"制表位"界面,如图 5-2 所示,选中文本框中的制表位可以重新设置它的对齐方式和引导符位置,设置好后单击"设置"按钮即可;按"清除"按钮则删除制表位;若输入一个数字,设置好相应的属性后,单击"设置"按钮也可在标尺上指定的位置上添加一个制表位。

图 5-2　制表位设置

②目录插入:按 Tab 键可使光标移到下一个制表位的位置,单击 Backspace 键,可以使用光标退回到上一个制表位的位置。可以在设置好的制表位位置插入目录编号、目录标题内容、引导符以及页码等。

5.1.2　索引

索引是可以列出一篇文章中重要概念或主题等的出处和所在页码,以便快速检索查询的一项重要功能。创建关键字索引表需要对索引关键字建立索引项标记,索引项的标记分为手动标记和自动标记,索引项又有主索引项和次索引项之分。

关键字是文档中出现的文本,标记的索引项可与关键字相同,也可不同。

自动标记索引需要建立一个关键字索引的自动标记表文件,手动标记索引项可直接进行索引项的标记。

1.手动标记索引项建立关键字表的方法。单击"引用-索引-标记条目"打开如图 5-3

所示的"标记索引项"界面,选择文档中需要标记的关键字,单击图中"主索引项"右侧的文本框,再单击下方的"标记"或"全部标记"按钮进行标记。单击"标记"按钮可对当前选择的关键字进行一次标记,单击"全部标记"按钮可对文中所有该关键字进行标记。

图 5-3　手动标记索引项

2.自动标记索引步骤如下。

(1)新建一个 Word 文档,在文档中插入一个 n 行两列的表格,n 是需要标记的关键字的个数,如表 5-1 所示,建好后保存并关闭文档。

表 5-1　关键字索引表格式

文档中需要标记的关键字 1	索引项 1
文档中需要标记的关键字 2	索引项 2

(2)在需要标记关键字索引的文档中,单击"引用-索引-插入索引",打开如图 5-4 所示的界面,单击"自动标记"按钮,弹出如图 5-5 所示的界面,选择索引项标记文件,单击"打开"按钮可对文档中的关键字进行索引标记。

注:手动索引和自动索引可混合使用。当一个段落中有多个相同的关键字时,只对第一个进行标记。

3.生成索引表。单击"引用-索引-插入索引"打开如图 5-4 所示的"索引"界面,选择相应的选项,单击"确定"按钮,即可在当前位置生成一个关键字的索引表。

5.2　实　　验

5.2.1　实验目的

1.掌握手动目录创建的方法;

图 5-4　插入索引目录

图 5-5　打开索引自动标记文件

2.掌握自动生成目录的方法;

3.掌握目录格式修改的方法;

4.掌握使用制表位创建目录的方法;

5.掌握关键词索引表的创建方法。

5.2.2　实验内容

1.为"论文 1.docx"文档添加静态目录,要求如下:

(1)一级目录,创建一级目录样式,取名为 m1:

- 起始位置靠左对齐,制表位 4 字符,无前导符;
- 标题内容右对齐,制表位 15 字符,无前导符;
- 页码右对齐,制表位 37 字符,前导符为"……";

(2)二级目录,创建二级目录样式取名为 m2:

- 编号起始位置靠左对齐,制表位 6 字符,无前导符;
- 标题内容右对齐,制表位 15 字符,无前导符;
- 页码右对齐,制表位 37 字符,前导符为"……"。

2.使用"自定义目录"的方法为"论文 2.docx"文档插入目录,并修改一级目录标题内容的制表位为 8 字符,页码的制表位为 37 字符。

3.分别使用手动标记索引项和自动标记索引项的方法为"论文 3.docx"文档添加"关键字索引目录",放置在文档末尾,关键字有:"Bresenham 算法""计算机图形学""二步法"。

5.2.3　实验分析

1.新建两个应用于目录行的样式 m1 和 m2:m1 应用于一级目录行,m2 应用于二级目录行,应用了相应的样式后在标尺上会有三个制表位出现,在对应行的制表位位置处分别输入目录的编号、目录标题内容和页码。从前一个制表位移到后一个制表位,可按键盘上的 Tab 键,反之按 Backspace 键。

2.根据要求,将光标置于一级目录行中,打开标尺后可看到标尺上有制表位,分别双击各"制表位"将"制表位"界面打开,在"制表位"界面中可看到该"制表位"的具体数字字符,将其删除,重新设置新的制表位即可。

3.根据要求,本题可以从几个方面考虑:

(1)手动标记索引项时可以先选取"Bresenham 算法",单击"引用-索引-标记条目-全部标记",再分别选中其他关键字,单击打开的"标记索引项-主索引项右侧文本框",再单击"全部标记"按钮进行标记。

(2)自动索引项的标记需要建立一个对所有索引关键字进行索引的表格文件,再切换到需要建立关键字索引目录的文档中,先对所有的关键字进行索引标记,再在文档末尾插入关键字索引目录即可。

5.2.4　实验步骤

1.静态目录的操作步骤如下:

(1)打开"论文.docx"文档,将光标置入文档的第一行,单击"布局-分隔符-分节符-下一页",插入一个单独一节的新页面。

(2)将光标置入文档的第一行,输入文本"目录",应用"标题 1"样式,使其居中,按回车键,使光标移到下一行。

(3)打开"样式"任务窗格,新建目录样式 m1,该样式基准为正文,样式类型为段落,如

图 5-6 所示。

(4)单击界面左下角"格式-制表位",打开"制表位"界面,设置结果如图 5-7 所示(当前为页码制表位设置),具体操作分为如下 3 步进行：

图 5-6 新建目录样式 m1

图 5-7 m1 制表位设置

①章目录的"编号"制表位设置：在"制表位位置"处输入 4,对齐方式为左,前导符为无,然后单击"设置"按钮；

②章目录"内容"制表位设置：在"制表位位置"处输入 15,对齐方式为右,前导符为无,单击"设置"按钮；

③章目录的"页码"制表位设置：在"制表位位置"处输入 37,对齐方式为右,前导符为"……",然后单击"设置",如图 5-7 所示,单击"确定"按钮。

(5)用同样的方法创建"节"标题目录样式 m2。

(6)目录的添加：

①打开标尺,将光标置于放置章目录起始行,单击"样式"任务窗格中的 m1,按 Tab 键将光标置于标尺上所指示的第一个制表位 4 处,输入章标题编号："第 1 章",按 Tab 键,使光标移到下一个制表位 15 处,输入章目录内容："系统的开发技术",再按 Tab 键,将光标移到下一个制表位 37 处,输入页码。

②按回车,将光标置入下一行,单击"样式"任务窗格中的 m2,按 Tab 键使光标位于制表位 6 处,输入节标题编号"1.1",按 Tab 键,输入"系统的开发技术",再按 Tab 键输入页码。

③重复以上步骤直到所有的目录都输入完毕,结果如图 5-8 所示。

图 5-8　静态目录

注意：Tab 键可使光标移到下一个制表位，Backspace 键可使光标移到上一个制表位。

2. 自定义目录的操作步骤如下：

打开"论文（源）.docx"文档，单击"引用-目录-插入目录"，将光标置于章目录行上，从图中可以看到标尺上有两个制表位（不同的系统可能不同），分别是标题内容和页码对应的制表位，双击第一个制表位，打开了如图 5-10 所示的制表位界面。

图 5-9　自动插入的目录中一级目录的制表位

图 5-10　一级目录制表位修改前后

单击"清除"按钮将 4.05 字符的制表位清除,输入"8 字符",对齐方式选项为"左对齐",前导符选项为"无",单击"设置"按钮,再单击"确定"按钮;单击 39.53 字符,单击"清除"按钮将其清除,输入"37",对齐方式选项为"右对齐",前导符选项为"5",单击"设置"按钮,再单击"确定"按钮,目录改变为如图 5-11 所示。

图 5-11　修改了章目录制表位后的效果

3.索引操作步骤如下:

(1)手动标记索引项:

①打开文档"论文索引(源).docx"文档,单击"开始-段落-显示/隐藏编辑标记 ⚶ "显示索引项标记符。

②选中"计算机图形学",单击"引用-索引-标记索引项",打开如图 5-12 所示的"标记索引项"界面,单击"标记全部"按钮,文档中的所有"计算机图形学"均被标记为索引项(如果一段中有多个关键字,只标记一个)。

图 5-12　手动标记关键字索引项

③选中"Bresenham 算法",单击"标记索引项"界面中"主索引项"右侧的文本框,使选中的关键字填入到文本框中,单击"标记全部"按钮。

④重复操作,直到所有的关键字均被标记为索引项。

(2)自动标记索引项:

①打开文档"论文源(索引).docx"文档,单击"开始-段落-显示/隐藏编辑标记 ![image] "(可显示"索引项标记符")。

②新建 Word 文档,插入 3 行 2 列的表格,按如表 5-2 所示输入文字,保存为"index.docx",关闭文件。

表 5-2　自动标记关键字索引表

计算机图形学	计算机图形学
bresenham 算法	bresenham 算法
二步法	二步法

③切换到"论文源(索引).docx"文档中,单击"引用-索引-插入索引",打开如图 5-13 所示的"索引"界面,单击"自动标记"按钮,在弹出的界面中选择建立好的自动标记索引文件"index.docx",单击"打开",则"论文源(索引).docx"文档中的关键字被标记为索引项。

④将光标置于文档底部,单击"引用-索引-插入索引",打开如图 5-13 所示的界面,设置好相应的选项后,单击"确定"按钮,结果如图 5-14 所示。

图 5-13　插入索引目录

图 5-14　关键字索引目录

第6章

模板与构建基块

6.1 知识要点

6.1.1 模板

1.模板概况。模板是一个预设的固定格式的文档,模板的作用是使文本整体风格一致。根据扩展名不同,Word 模板分为两种:dotx 模板中不存储宏,dotm 模板中可以存储宏。

模板中可保存各种页面设置、字体段落设置、样式设置、宏,以及各种内容。

2.通用模板。(1)Word 中任何文档都衍生于模板,新建的空白文档是基于 Normal.dotm 而衍生的,该模板称为通用模板或空白模板。通用模板是内置模板,是所有模板或文档的原始模板。

(2)不同的 Windows 登录用户,有各自独立的通用模板文件,文件的一般存储位置为:C:\Users\用户名\AppData\Roaming\Microsoft\Templates。

(3)通用模板也是可以修改的,方法是:在"开始-字体""开始-段落""布局-页面设置"等对话框中,设置各参数后,点击"设为默认值",即把设置保存到通用模板中。

(4)通用模板的恢复:当通用模板修改较多或比较混乱时,需要恢复成默认设置,除了将每一项重新设置外,还有更方便的方法:退出 Word,直接找到并删除通用模板文件 Normal.dotm,再次进入 Word,默认设置被恢复,退出 Word 时,系统会自动建立新的 Normal.dotm 文件。

3.模板的创建。用户自己创建模板,直接按普通文档的方式编辑,最后点击"文件-另存为-保存类型- Word 模板(dotx)"即可。一旦选择了模板类型,由于 Word 的记忆功能,保存的文件夹可能会自动切换到"用户模板"文件夹或上次保存的文件夹,当然也可重新选择到其他文件夹中。若保存在"用户模板"文件夹下,可方便下次基于该模板新建新文档。

4.模板的应用:基于模板,建立新文档。

(1)从内置或个人模板中新建:单击"文件-新建",弹出如图 6-1 所示的"新建"界面,从最近使用、Office 或个人选项中,选择模板使用。自定义模板存放在"个人"模板中。

图 6-1　新建界面中自定义模板 m1 位置

（2）从其他文件夹的模板文件中建立新文档：直接在文件夹中双击该模板文件即可，这是基于该模板新建一个的文档，不会更改模板文件。

5.模板文件的编辑。双击新建文档，若要修改模板文件，要在文件夹中选中模板文件，再"右击-打开"来编辑修改。

6.在模板中添加文档属性控件。创建模板时可以对模板版面进行布局并设置相关的样式。利用"文档属性"控件可以方便地完成版面的设置。

（1）对"文档属性"控件的添加和修改则需要"开发工具"选项卡来实现。

"开发工具"选项卡默认情况下是关闭的，需要这样打开：在功能区中，"右击-自定义功能区"，点击对话框右侧的"开发工具"，单击"确定"即可。

（2）插入一个"文档属性"控件：单击"插入-文档部件-文档属性"。

（3）修改控件属性：单击"开发工具-控件-属性"，打开"内容控件属性"界面，在该界面中修改各项属性后，单击"确定"即可。图 6-2 是"标题"控件的属性修改示意图。

（4）修改控件默认文本：选中"开发工具-控件-设计模式"，在模板文档编辑界面中可对控件文本进行修改。如图 6-3 中控件文本"标题"被修改为"论文标题"。

6.1.2　构建基块

使用构建基块可以将文档中的文本块、页眉/页脚、页码、表格、目录、水印及文本框等根据内容分类建立库。

1.保存构建基块。选择需要保存的内容后，单击"插入-文档部件-将所选内容保存到文档部件库"后，可将选择内容保存为某一类构建基块。

2.使用构建基块。当需要插入构建基块时，点击"插入-文档部件-构建基块管理器"，选择一项构建基块，单击"插入"即可。

图 6-2　内容控件属性参数设置

图 6-3　文档属性控件的修改

6.2　实　验

6.2.1　实验目的

1.了解模板的作用；

2.掌握模板的创建和编辑方法；

3.掌握模板的应用；

4.掌握构建基块的创建和应用的方法；

5.掌握构建基块管理器的使用。

6.2.2　实验内容

1.利用"文档属性控件"新建一个"论文模板.dotx",以方便撰写毕业设计论文的学生套用。要求:

(1)标题内容和正文的输入位置通过文档控件提示输入;

(2)创建"主题标题"样式:黑体,一号,居中,应用到"论文标题"上;

(3)章和小节自动编号,"章"标题使用"标题1"样式且居中,"节"标题使用"标题2"样式;

(4)创建"论文正文"样式:黑色,楷体,小四,首行缩进两个字符,段前、段后分别为0.5行,1.5倍行距,应用到正文上。

2.某高校学生撰写毕业论文,当毕业论文排版完成后,论文又要求按照新样式重新排版,新样式对标题1、标题2以及正文的样式要求都有变化。处理的方法是让秘书将修改过标题1、标题2和正文样式的模板发给每一位同学,让同学套用。本题要求:

(1)帮助秘书创建模板文档。

(2)帮助同学们快速应用模板文档,从而使论文按新样式快速重新排版。

3.创建一个自己名字的水印构建基块,例如,名字叫"张三"时,水印为"张三水印"。

6.2.3　实验分析

1.新建一个模板文档,设置多级列表,设置标题内容和正文的输入位置通过"文档属性控件"提示输入;自定义两个样式,一个是"论文正文",另一个是"主题标题",用户使用该模板时,基于它建立一个新文档,就可以提示撰写论文。

2.论文排版时设置多级列表使章、节自动编号,正文使用自定义样式;在新建的模板文档中也必须设置多级列表中标题样式与大纲级别的链接,通过"样式任务"窗格修改标题1、标题2,并新建一个与论文中正文使用的样式同名的样式;打开论文,将新建的模板文档导入即可。

3.新建一个文档,插入一个文本框(也可以插入艺术字),输入"张三(自己的姓名)水印"文本,设置字体的大小、字形、颜色等等,旋转文本框,调整好水印文本在页面中的位置,按 Ctrl+A 全选,单击"插入-文档部件-将所选内容保存到文档部件库"选项,存盘即可。

6.2.4　实验步骤

1.根据题目要求,可按如下步骤进行操作:

(1)新建一个文档,存盘为模板文件,命名为"论文模板.dotx"。

(2)单击"开始-多级列表符号( )",在弹出的下拉列表选项中选择"定义多级列表",设置级别1与标题1链接,级别2与标题2链接(其他均为默认系统设置),设置界面如图 6-4、图 6-5 所示。

图 6-4　"定义新多级列表"中级别 1 的设置

图 6-5　"定义新多级列表"中级别 2 的设置

（3）打开"样式"任务窗格，新建"主题标题"样式，选项设置如图 6-6 所示；再按要求新建"论文正文"样式，设置如图 6-7 所示。

图 6-6　"主题标题"样式

图 6-7 "论文正文"样式选项与段落格式设置

（4）将光标置入第一行，单击"插入-文档部件-文档属性-标题"，插入一个"标题"文档属性控件，单击"开发工具-控件-设计模式"，修改控件内容文本为"论文标题"并应用"主题标题"样式，如图 6-8 所示。

（5）单击"开发工具-控件-属性"，设置"标题"文档属性控件的"内容控件属性"，单击"确定"，控件效果如图 6-9 所示。

（6）将光标移到第三行，单击"标题 1"样式，光标移到第四行单击"标题 2"样式，光标移到第五行单击"论文正文"样式，分别插入"标题"文档属性控件到第 1 章编号后、第 1 节编号后以及正文位置处，按照（5）和（6）的方法分别修改控件文本内容为"章标题内容""节标题内容"和"正文"。

（7）复制前面制作好的第 1 章的所有内容，将光标移到最后一行，粘贴 3 次，可以得到共 4 章的标题及控件。

图 6-8 论文标题控件的属性设置

（8）参考文献和附录部分的设置：可将第 3 章和第 4 章的编号删除，更改控件文本内容为"参考文献"和"附录"，结果如图 6-10、图 6-11 所示。最后单击"开发工具-控件-设计模式"，将控件的"设计模式"关闭，保存。

图 6-9 设计模式下论文标题控件的前后效果

（9）新建文档时在"新建"界面中单击"个人-论文模板.dotx"，如图 6-12 所示，系统会以"论文模板.dotx"模板为基准新建一个新文档；或者在存放模板的文件夹中双击"论文

图 6-10　论文模板效果图 1

图 6-11　论文模板效果图 2

图 6-12　新建"论文模板"位置

模板.dotx",也可基于它新建一个文档。

2.毕业论文模板设计操作步骤如下：

(1)新建"新样式模板.dotx"模板文档,参考图 6-4 和图 6-5 设置多级列表,右击"样式窗格-标题 1",修改样式为所需要的样式,用同样的方法修改标题 2 和正文样式,保存。

(2)打开"论文排版.docx"文档,单击"样式窗格-管理样式 ⚇ -导入/导出",打开管理器,单击"关闭文件",将 Normal.dotm 关闭,再单击"打开文件",将"新模板样式.dotx"导入,如图 6-13 所示。

图 6-13　导入样式模板

(3)选择图 6-13 中右侧的标题 1、标题 2 和正文样式,单击"复制",新模板样式中的标题 1、标题 2 和正文样式覆盖了"论文排版.docx"中相应的样式,单击"关闭",可以看到"论文排版.docx"文档应用了新样式。

3.水印构建基块操作步骤如下：

(1)新建一个文档,插入文本框,输入文本"张三(用自己的姓名替代)水印",设置文本的格式为：72 号字、宋体、红色强调颜色 2、淡红 80%。

(2)单击文本框,旋转到想要的位置,按 Ctrl＋A 选中整个文档内容,单击"插入-文档部件-将所选内容保存到文档部件库",在"新建构建基块"界面,"名称"选项输入"张三水印","库"选项从下拉列表选项中选择"水印"(将新建的构建基块保存到水印库中),其他默认,单击"确定","张三水印"构建基块创建完成。如图 6-14 所示。

图 6-14　水印及存储到构建基块库的参数设置

（3）单击"插入-文档部件-构建基块管理器"，在打开的"构建基块管理器"的"水印"列表中可看到"张三水印"构建基块，如图 6-15 所示。

图 6-15　创建的张三水印存储在构建基块管理器中

（4）新建一个文档，单击"插入-文档部件-构建基块管理器"，选择"张三水印"，单击"插入"，将其插入到当前文档中。也可单击"设计-页面背景-水印"查看创建好的水印，单击该水印，可以将其插入到当前文档中。如图 6-15 所示。

第7章

域的使用基础

7.1 知识要点

7.1.1 域的概念

简单地说,域就是引导 Word 在文档中自动插入文字、图形、页码或其他信息的一组代码。每个域都有一个唯一的名字,它具有的功能与 Excel 中的函数非常相似。

域是 Word 中的一种特殊命令,它由花括号、域名(域代码)及选项开关构成。域代码类似于公式,域选项开关是特殊指令,在域中可触发特定的操作。在处理 Word 文档时,若能巧妙地应用域,会给我们的工作带来极大的方便。

域可以在无须人工干预的条件下自动完成任务,例如编排文档页码并统计总页数;按不同格式插入日期和时间并更新;通过链接与引用在活动文档中插入其他文档;自动编制目录、关键词索引、图表目录;实现邮件的自动合并与打印;创建标准格式分数、为汉字加注拼音等等。

7.1.2 域的构成

域分为域代码和域结果。域代码是由域特征字符、域类型、域指令和开关组成的字符串。域结果是域代码所代表的信息。域结果根据文档的变动或相应因素的变化而自动更新。域特征字符是大括号"{}",它不是从键盘上直接输入的,如图 7-1 所示。

域代码: { DATE \@ "yyyy'年'M'月'd'日'" * MERGEFORMAT }↵
域结果: 2022 年 1 月 17 日↵

图 7-1 域代码与域结果

7.1.3 域的插入

1. 使用域对话框插入。通过"插入-文本-文档部件-域"来插入。这种方法,会打开域对话框,在对话框中选择类别,选择要插入的域名,下面会有该域的说明文字,并且域的属性和选项也都有提示,只需点击确定即可。当然也可以单击"域代码"按钮进行编辑。域对话框如图 7-2 所示,Word 一共提供了九个类别七十多种域。

2. 使用键盘插入。通过按 Ctrl+F9 键插入。

图 7-2　域对话框

把光标放置到需要插入域的位置,按下 Ctrl＋F9 组合键插入域特征字符"{ }"。接着将光标移动到域特征代码中间,按从左向右的顺序输入域类型、域指令、开关等。

通过该方法插入域代码,没有提示,域名称及域属性或选项都以英文单词组成,且不区分大小写。需要注意的是,手动输入域代码必须在英文半角状态下输入。

结束后,直接按 F4 键,即可更新并显示域的结果。

3.使用功能命令插入。由于域的域指令和开关非常多,采用上面两种方法很难控制和使用。为此,Word 把经常用到的一些功能以命令的形式集成在系统中,例如"拼音指南""纵横混排""带圈文字"等。其实,自动编号、题注、目录、页码等操作内部也是用域来实现的。用户可以像普通 Word 命令那样使用它们。

7.1.4　域的编辑和查看

1.不管用哪种方法插入域,结果是一样的,都可以通过单击"右键-编辑域"对域进行编辑。

2.按 Shift＋F9 键,可以在域代码和域结果之间切换;按 Alt＋F9 键,可以显示或者隐藏文档中所有的域代码。

3.按 F9 键可对选中的域进行更新,若需要刷新全文,必须先用 Ctrl＋A 键选中全文,再按 F9 键更新。

7.1.5　与域操作有关的快捷键

1.在文档中插入空白域:按 Ctrl＋F9 键。

2.在域代码和域结果之间切换:按 Shift＋F9 键。

3.全文域代码和域结果之间的切换:按 Alt＋F9 键。

4.更新选择的域:按 F9 键。

5.更新全文的域:先按 Ctrl＋A 键选择全文,再按 F9 键。

6.取消某个域的链接:先选中该域,再按 Ctrl+Shift+F9 键,这时域结果将以平常文本的形式显示出来。

7.转到前一个域:按 Shift+F11 键。

8.转到后一个域:按 F11 键。

9.锁定域:按 Ctrl+F11 键。例如,在文档中插入 Time 域,在打印文档时会自动更新该域,如果希望保持插入的时间值,只要在打印之间锁定该域就可以了。按 Ctrl+Shift+F11 键可解除域的锁定。

7.1.6 部分常用域

1.Page、Section 域:插入当前页码、当前节编号;

2.Seq 域:对文档中的章节、表格、图表和其他项目按顺序编号;

3.NumPages 域:插入总页数;

4.FileSize、FileName 域:插入按字节计算的文档大小与文件名;

5.Date、Time 域:插入当前日期、时间;

6.Author 域:插入文章作者;

7.StyleRef 域:插入具有指定样式的文本;

8.Eq 域:生成数学公式;

9.TC 域:定义显示在目录或表格、图表及其他类似项目的列表中的项目的文本和页码;

10.TOC 域:建立一个目录;

11.=域:表达式计算。

7.2 实 验

7.2.1 实验目的

1.理解和掌握域的概念;

2.掌握域的手动输入与编辑;

3.掌握通过域对话框插入域;

4.掌握常用域的使用;

5.掌握使用 TC 域和 TOC 域编制目录。

7.2.2 实验内容

1.使用域输入上划线 $\overline{Y}$、分数 $\frac{a}{b}$ 和 $\sqrt[2]{x}$。

2.使用域输入当前日期、文档总页数、文档总字数、文档标题样式编号和内容。

3.使用 TC 域和 TOC 域,为"热爱生命的故事.docx"编制目录。

7.2.3　实验分析

1.手动输入域,先按 Ctrl+F9 键插入域特征字符,然后输入域代码,再按 F9 键刷新,即可查看域的结果。

2.使用域对话框输入。使用域对话框,先在每个故事前插入 TC 目录项,然后,再使用域对话框,插入 TOC 域,创建目录项域的目录。目录项域的创建,也可以用快捷键 Alt+Shift+O 实现。

7.2.4　实验步骤

1.公式操作步骤如下:

(1)先按 Ctrl+F9 键,插入域特征字符"{}"。单击花括号中间,以便输入域代码。

(2)输入 Eq \x\\o(Y),按 F9 键后可得到 $\overline{Y}$。(注:代码 Eq 后有个空格,下同)

(3)输入 Eq \f(a,b),按 F9 键后可得到 $\dfrac{a}{b}$。

(4)输入 Eq\r(2,x),按 F9 键后可得到 $\sqrt[2]{x}$。

2.插入各种域操作步骤如下:

(1)单击"插入-文本-文档部件-域",打开域对话框。

(2)选择类别"日期和时间",域名"Date",按"确定"插入当前日期,如图 7-3 所示。

图 7-3　插入 Date 域

(3)在域对话框中,选择类别"文档信息",域名 NumPages、NumWords,插入文档的总页数和总字数,如图 7-4 和图 7-5 所示。

图 7-4　插入 NumPages 域

图 7-5　插入 NumWords 域

（4）在域对话框中，选择类别"链接和引用"，域名 StyleRef，插入文档中标题样式的编号和标题样式的内容，如图 7-6、图 7-7 所示。

图 7-6　通过 StyleRef 域插入标题 1 样式的编号

图 7-7　通过 StyleRef 域插入标题 1 样式的文本内容

注意：当文档内容做了修改，导致某些域的结果有变化时，如总字数等，可选中后按 F9 键进行域的更新。

3.插入目录的操作步骤如下：

(1)将光标定位在第二页"海伦·凯勒"标题前，单击"插入-文本-文档部件-域"，打开域对话框。

(2)选择类别"索引和目录"，域名"TC"，在域属性文字项中填入"故事 1"，点击"确定",如图 7-8 所示。

图 7-8　插入 TC 域"故事 1"

(3)同理,在第 3、4、6 页标题"轮椅上的勇士—霍金""张海迪""种子的力量"前分别插入 TC 域"故事 2""故事 3"和"故事 4"。

(4)回到第一页,"在热爱生命的故事"文字的下一行,单击"插入-文本-文档部件-域",打开域对话框。

(5)选择类别"索引和目录",域名"TOC",单击"目录"按钮,如图 7-9 所示。

图 7-9　插入 TOC 域

(6)在目录对话框中单击"选项"按钮,设置以目录项域创建目录,如图 7-10 所示。

图 7-10　设置以标记的目录项域创建目录

（7）按两次"确定"按钮，该故事目录就创建好了，如图 7-11 所示。

热爱生命的故事

故事 1 2
故事 2 3
故事 3 4
故事 4 6

图 7-11　制作好的故事目录

第8章

邮件合并

8.1 知识要点

8.1.1 邮件合并概述

在实际工作中,常常需要批量处理不少简单报表、信函、信封、通知、获奖证书、考试准考试、录取通知书等,这些文稿的主要特点是件数多,内容和格式简单或大致相同。这种格式雷同、能套打的批处理文稿操作,利用 Word 里的"邮件"功能区,就能轻松地实现。

需要注意的是,"邮件合并"合并的是两个文档:一个是设计好的样板文档,样板文档中包括了要重复出现在套用信函、邮件选项卡、信封或分类中的固定不变的通用信息;另一个是可以替代"标准"文档中的某些字符所形成的数据源文件,这个数据源文件可以是已有的电子表格、数据库或文本文件,也可以是直接在 Word 中创建的表格。

8.1.2 邮件合并操作

Word"邮件"功能区包括"创建"组、"开始邮件合并"组、"编写和插入域"组、"预览结果"组和"完成"组,如图 8-1 所示。

图 8-1 "邮件"功能区

注意:请仔细观察功能区,此时很多按钮都是不可用的。

邮件合并的一般操作是先建立两个文档:一个是 Word 样板文档,包括所有文件共有内容的主文档(比如未填写的信封等);另一个是包括变化信息的数据源 Excel 文档(如收件人、发件人、邮编等)。然后,再使用邮件合并功能,在主文档中插入变化的信息,用户可以将合成后的文件保存为 Word 文档,可以打印出来,也可以以邮件形式发出去。

8.2　实　验

8.2.1　实验目的

1.掌握邮件合并的基本概念；

2.掌握邮件功能区各分组及工具的使用；

3.掌握邮件合并功能的使用。

8.2.2　实验内容

1.使用邮件合并功能，生成简单的成绩单"CJ.docx"。

2.批量制作信封，以便邮寄。

3.批量制作有照片的工作证。

8.2.3　实验分析

1.先在 Excel 中，建立学生成绩文档，作为数据源。然后在 Word 中建立成绩单样板文档。再利用邮件功能，在样板文档中插入变化的信息，合并后生成新的 Word文档。

2.先在 Excel 中，建立客户通讯录的文档，作为数据源。然后在 Word 中利用邮件功能区中的创建"中文信封"功能，在向导中设置样式，匹配收信人信息即可。

3.先要准备好符合要求，大小均等的照片，然后在 Excel 中建立职工信息表，其中照片一栏中输入的是照片的磁盘地址。再在 Word 中，设计好工作证的样板文档，接下去就是使用邮件合并功能来插入变化的信息。注意照片的插入要使用域来完成，即使用 IN-CLUDEPICTURE "{ MERGEFIELD 照片 }"。

8.2.4　实验步骤

1.成绩单操作步骤如下：

(1)打开 Excel，新建数据源文档"StuCJ.xlsx"，输入内容如图 8-2 所示。

(2)打开 Word，新建 Word 样板文档"CJ_T.docx"，输入内容如图 8-3 所示。

	A	B	C	D
1	姓名	语文	数学	英语
2	张云飞	88	92	94
3	李华	78	82	90
4	马超远	90	72	91
5	陈诺一	80	89	93
6				

图 8-2　学生成绩数据

同学		
语文		
数学		
英语		

图 8-3　成绩单样板

(3)在"CJ_T.docx"中,单击"邮件-开始邮件合并-选择收件人-使用现有列表",如图8-4所示。在弹出的"选择数据源"对话框中,选择"StuCJ.xlsx"文件,并单击"打开"按钮,如图8-5所示。再在弹出的"选择表格"对话框中选择"Sheet1 $ ",再单击"确定"按钮,如图8-6所示。这样数据就和文档建立了关联。

图 8-4　选择收件人

图 8-5　选择数据源

图 8-6　选择表格

注意：如未选择数据源的邮件功能区，则"编写和插入域"组、"预览结果"组、"完成"组都不可用。选择好数据源后的邮件功能区如图 8-7 所示。

图 8-7　选择好数据源后的邮件功能区

（4）将光标移到"同学"文本前，单击"邮件-编写和插入域-插入合并域-姓名"，插入"姓名"域，如图 8-8 所示。

图 8-8　插入合并域

（5）同理，依次在表格中的对应位置上，完成"语文""数学"和"英语"这三个域的插入，结果如图 8-9 所示。

图 8-9　插好合并域后的范本

图 8-10　完成并合并成单个文档

（6）单击"邮件-完成-完成并合并-编辑单个文档"，如图 8-10 所示。在弹出的"合并到新文件"对话框，设置参数如图 8-11 所示，然后单击"确定"按钮。最后将新文件（信函1）保存为"CJ.docx"。

图 8-11　合并全部记录

图 8-12　信封的效果图

2.信封操作步骤如下:

(1)新建 Word 文档,单击"邮件-创建-中文信封",打开"信封制作向导"对话框,如图 8-13 所示,单击"下一步"进行设置。

图 8-13　信封制作向导对话框

(2)选择信封样式,如图 8-14 所示,单击"下一步"。

图 8-14　选择信封样式

(3)选择生成信封的方式和数量,如图 8-15 所示,再单击"下一步"。

图 8-15　选择生成信封的方式和数量

（4）单击"选择地址簿"按钮，选择"通讯录.xlsx"。完成收信人信息匹配，如图 8-16 所示，再单击"下一步"。

图 8-16　获取并匹配收信人信息

（5）填写寄信人信息，如图 8-17 所示，再单击"下一步"。

图 8-17　填写寄信人信息

（6）单击"完成"按钮，如图 8-18 所示，完成信封制作，并保存文档。

图 8-18　完成信封制作

3. 工作证操作步骤如下

(1)素材的准备。素材主要是要准备每个职工的照片,并按一定的顺序进行编号,照片的编号顺序可以根据单位数据库里的职工姓名、组别顺序来编排。然后,将照片存放在指定磁盘的文件夹内,比如"E:\photo"。

使用 Excel 表格建立"职工信息表.xlsx",表中包括职工的姓名、部门、编号和照片,照片一栏不需要插入图片,而是要输入此照片的文件路径,比如"E:\photo\1.png",如图8-19所示。

图 8-19　职工信息表

注意:照片地址里的路径分隔符要用"双反斜杠"。

(2)创建工作证模版。启动 Word,建立一个主文档,设计排版出如图 8-20 所示的表格。

图 8-20　工作证模版

(3)进行邮件合并,添加域。单击"邮件-开始邮件合并-选择收件人-使用现有列表",在弹出的"选择数据源"对话框中,选择"职工信息表.xlsx",如图 8-21 所示。

将光标移到"姓名"右侧单元格中,单击"邮件-编写和插入-插入合并域-姓名"。同理,在对应位置上插入合并域《部门》和《编号》,如图 8-22 所示。

将光标定位于右侧大单元格内,此处用来显示职工的照片。按 Ctrl＋F9 键插入域,此时会出现一对大括号,在其中输入 INCLUDEPICTURE "{ MERGEFIELD 照片 }"。注意其中的大括号也是按 Ctrl＋F9 键来插入的,如图 8-23 所示。

图 8-21　选择职工信息表

图 8-22　插入除照片外的合并域

图 8-23　通过域的方式插入照片

　　当然，这段域也可以通过"域"对话框的方式来输入。将光标定位于右侧大单元格内，单击"插入-文本-文档部件-域…"打开"域"对话框，设置如图 8-24 所示。

　　此时，文档中并没有显示出图片。单击图片框，按 Shift＋F9 键进入到域代码状态。删除代码中的 666，如图 8-25 所示。单击"邮件-编写和插入域-插入合并域-图片"，刷新

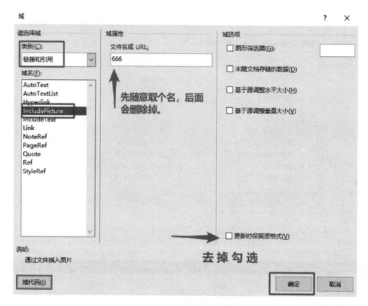

图 8-24　"域"对话框

域后将显示照片,如图 8-26 所示。

图 8-25　编辑图片域代码

图 8-26　刷新域后显示照片

　　最后,单击"邮件-完成-完成并合并-编辑单个文档",合并全部记录到新文档,保存文档,"工作证"就制作完毕了,如图 8-27 所示。

　　注意: 如果新生成的文档中没有显示图片或所有的图片显示的是同一个人,可按

图 8-27　最终完成后的工作证

"Ctrl＋A"全选文档,然后再按 F9 键对文档进行刷新。

第9章

批注与修订

9.1 知识要点

1. 批注与修订

(1) 批注是审阅的功能之一。Word 批注的作用是评论或注释文档,不直接修改文档。因此,Word 批注并不影响文档的内容。

(2) 修订是直接修改文档。在修订模式下,多位审阅者对文档所做的编辑,将以标记的形式记录下来。这样,原作者就可以复审这些修订,并选择接受或拒绝所做的修订。只有接受修订,文档的编辑才能生效,否则文档将保留原内容。单击选中"审阅-修订-修订",即可进入 Word 修订模式,如图 9-1 所示。再次单击该按钮,退出修订模式。

图 9-1　修订按钮

(3) "修订"开关,只影响后续的修改操作,对已经标记的修改内容,是不影响的。

(4) "接受"或"拒绝",不受"修订"开关的影响,即不论是否处于修订状态,都可以对修改进行"接受"或"拒绝"。

(5) 修订选项:在"审阅-修订组对话框"打开修订选项,可设置显示项目,如图 9-2 所示。其中"更改用户名"按钮可直接打开 Word 选项,修改用户名及缩写,如图 9-3 所示。默认情况下,针对不同的用户,将使用不同的颜色,以示区别。通过"审阅-修订-显示标记-批注框"可选择哪些信息显示在批注框中。

图 9-2　修订选项

图 9-3　Word 选项中的修改用户名及缩写

2.比较文档

（1）若修改前没有打开"修订"开关，修订的文档将无任何标记，在同时拥有原文档和修订文档的情况下，可用比较文档事后补救。

（2）通过比较文档，让 Word 以修订方式标记两个文档之间的不同。并根据需要对返回的文档进行审阅修订后保存。

（3）操作：点击"审阅-比较"打开"比较文档"对话框，分别选择原文档和修订的文档，单击"确定"按钮后，Word 将自动对两个文档进行精确比较，生成一个新文档，以修订方式显示两个文档的不同之处。后续对比较结果进行修订审阅后保存即可，不再需要原来的修订文档。

3.其他审阅操作

（1）拼写和语法：对文档进行拼写和语法检查，并提示修改意见。若语言非英文或中文，可以选择文本后，双击状态栏的语言，进行重新设置（或点击"审阅-语言-语言首选项"），如图 9-4 所示。若语言前面没有"字 A"图标，说明系统并未安装该语言（法语、德语、日语等）的校对工具，需要点击"审阅-语言-语言首选项 - Office 创作语言和校对"右侧的"添加语言"选项，从网上下载该语言的校对工具。如图 9-5 所示。

（2）翻译：可直接进行多国语言间的翻译。翻译需要联网在线翻译，语言可以自动识别，也可指定。翻译结果可直接插入文档处。

（3）繁体、简体相互转换：简体以中国大陆用词为标准，繁体以港澳台用词为标准，相互转换以词为单位。如简体"计算机"会转换为繁体的"電腦"。

图 9-4　选择校对语言

图 9-5　添加语言校对工具

9.2　实　验

9.2.1　实验目的

1.掌握批注的使用与编辑;

2.掌握修订的使用与编辑;

3.掌握文档的比较。

9.2.2　实验内容

1.对"借条.docx"不规范处添加批注。

2.对"鸟鸣涧.docx"不正确处做修订。

3.对"鸟鸣涧(原始).docx"和"鸟鸣涧(修订后).docx"两个文档进行比较。

9.2.3　实验分析

1.选择需要改动的文本,单击"审阅-批注-新建批注",在批注框中输入建议内容,完成后,在批注框外任意处单击即可。

2.先进入修订模式,然后删除文字"李白",输入"王维"。接着,在文字"时鸣"后,输入"春涧中"。

3.使用"审阅-比较"的比较功能。

9.2.4　实验步骤

1.借条操作步骤如下:

(1)选择"张三"两字后,单击"审阅-批注-新建批注",在批注框中输入"添加张三的身份证号",如图 9-6 所示。

图 9-6　添加批注

（2）同理，选择"5000 元"，添加批注"伍仟圆整"。选择"3 个月"，添加批注"三个月"，如图 9-7 所示。

图 9-7　添加了三条批注

（3）如需删除某个批注，可单击该条批注，再单击"审阅-批注-删除"，如图 9-8 所示。

图 9-8　删除批注

2.修订操作步骤如下:

(1)单击"审阅-修订-修订"进入修订模式,此时所有编辑操作都会被记录下来。

(2)删除文字"李白",输入"王维",在文字"时鸣"后,输入"春涧中",如图9-9所示。

图9-9　修订

(3)Word中的修订可以用不同的方式显示,如图9-10所示。

图9-10　在批注框中显示修订

(4)修订的样式可以根据自己喜好来设置,单击修订中的折叠按钮,会弹出"修订选项"对话框,如图9-11所示。再单击"高级选项"按钮,会弹出"高级修订选项"对话框,如图9-12所示。

(5)可以根据需要修改各选项,如修改插入内容的线型、颜色等,然后单击"确定"按钮,如图9-13所示。

(6)此时可看到文本中的插入内容和删除内容的样式已经改变,如图9-14所示。

(7)在修订时,还可以更改用户名,以方便多人对文档修改时,进行分辨。具体操作如图9-15所示。

图 9-11　修订选项

图 9-12　高级修订选项对话框

图 9-13　修改高级修订选项参数

鸟 鸣 涧 ↵

唐···王维李白·↵

人闲桂花落，夜静春山空。↵

月出惊山鸟，时鸣春涧中。↵

图 9-14　更改修订选项后的文档

图 9-15　更改用户名

(8)最后接受修订。将光标定位在被修订的地方,单击"审阅-更改-接受"按钮的小三角形,可选择接受修订或者接受所有修订,如图 9-16 所示。

图 9-16　接受修订

选择接受所有修订后,结果如图 9-17 所示。

鸟　鸣　涧

唐　　王维

人闲桂花落,夜静春山空。

月出惊山鸟,时鸣春涧中。

图 9-17　接受所有修订后的文档

3. 比较操作步骤如下：

(1)单击"审阅-比较-比较"，如图9-18所示。

图9-18　比较

(2)设置要比较的两个文档，再单击"确定"按钮，如图9-19所示。

图9-19　比较文档对话框

(3)按确定后，可以看到详细的比较结果，如图9-20所示。

图9-20　比较文档的结果

Excel 高级应用篇

第 10 章

Excel 基本知识与基本操作

10.1　知识要点

10.1.1　数据类型

1. Excel 的数据类型

Excel 有 4 种数据类型，即数值型、日期型、字符型、逻辑型。日期型的本质就是数值型，内部和数值型完全一致，同一个单元格的值，可同时显示成数值、日期两种类型。因此日期型可以说只能算半种类型。

2. 参数类型的自动转换

（1）函数参数类型自动转换：大部分函数的各参数，是要求特定类型的，只有少量函数的部分参数可以接受多种类型的值。当参数值需要某一类型，而给出的参数又不是该类型时，那么系统将尝试把该参数类型转换为所需参数的类型。

（2）表达式运算的类型自动转换：进行表达式运算时，参数也会自动转换成合适的类型再计算。如：运算符"＋"和"&"分别是数值相加和字符相连的运算符，因此 1＋"2"结果是数值 3,1&"2"结果是字符"12"。

3. 各种数据类型的转换规则

（1）常用转换：

①字符转数值：按字面转换，内容中含有其他非数字字符，则无法转换（即错误）。

②数值转字符：按字面转换，不会出现错误。

③逻辑转数值：TRUE 转为 1,FALSE 转为 0。

④数值转逻辑：0 转为 FALSE,非 0 转为 TRUE。需要逻辑型的地方可以用 0 或 1 代替。

⑤字符转日期：按内容直接转换，该转换支持分或秒一项满进功能（即当时间的分秒

部分只有一项超过 60,可以自动转换,如秒超过 60 就自动对分加 1),如果内容是非法日期,则可能无法转换。由于无日期型常量,需要日期型的地方可以用字符型代替。

⑥逻辑转字符:直接转换成大写的 TRUE 或 FALSE。

(2)不常用或无价值的转换:

①日期与数值互转:按离 1900 年 1 月 1 日的天数进行转换,0 或负数转日期为错误。当单元格显示类型错误时,可修改格式来恢复。

②日期转字符:先转数值,再转字符,一般这种转换没有价值。

③字符转逻辑:TRUE 或 FALSE(大小写无关)转换为对应的值,其他字符均不能转换。

④日期转逻辑:日期相当于正数,结果都是 TRUE。

⑤逻辑转日期:先转数值,再转日期,也即真转 1900-1-1,假为错误。

4.运算符相连的表达式

其中各项类型也会自动转换,以适应运算。如"=1+"2""中的字符型的 2 会转换成数字型参加运算。数据类型转换对照如表 10-1 所示。

表 10-1　数据类型转换对照

转前 ＼ 转后	数值	日期	字符	逻辑
数值	/	按序列	按字面,非法则错误	0 为假,非 0 为真
日期	按序列	/	先转序列再转字符	全为真
字符	按字面	按字面	/	除 TRUE 和 FALSE 外都为错
逻辑	假为 0,真为 1	真转 1900-1-1	大写	/

10.1.2　错误信息

Excel 的公式计算,会出现若干错误,如表 10-2 所示:

表 10-2　Excel 常用错误信息

错误信息	错误含义	造成错误的原因
＃DIV/0!	被 0 除	被 0 除、被空单元格除等
＃VALUE!	数据类型错误	加减乘除、Sum 等函数中包含非数字字符等
＃N/A	数据不可用	VLookup、Lookup、Match 等函数找不到匹配值等
＃NUM!	无效数值型参数	如 SQRT 对负数开平方、Date 日期年份为负、运算结果超出范围等
＃REF!	无效的引用	引用单元格被删后、InDirect 函数引用单元格错误等
＃NAME?	错误的名称	函数名错误、单元格错误、名称错误,或误用中文标点等
＃NULL!	多个区域无公共区域	用空格分隔的多个区域无交叉区域
＃＃＃＃＃	宽度不够	数值型或日期型单元格宽度不够,或负数显示为日期等

10.1.3　单元格选择方法

除了最常用的拖动选择连续单元格、Ctrl 单击选择不连续单元格外,还有很多方便的选择方法:

1. 单击单元格,按住 Shift＋单击另一单元格,可连续选择两者之间的所有单元格,这和文件夹中选择文件的功能相同;

2. Shift 和各种光标键(上下左右、Home/End、PageUp/PageDown)组合,可按光标移动功能进行选择;

3. 光标停在连续单元格中,和 Word 类似,Ctrl＋A 可选中包含连续数据的最小矩形区域;

4. Ctrl＋Shift＋向下键,可从当前单元格开始,向下选取,直到遇到空单元格为止,即当中数据没有断开,则可选择本列所有内容。同理,Ctrl＋Shift＋向右,可向右选择全部;先 Ctrl＋Shift＋向右,再 Ctrl＋Shift＋向下,即可选择右下角整个矩形区域。此两种组合键,也可用 Shift＋End＋向下和 Shift＋End＋向右代替。

10.1.4　复制内容或公式

通过拖动单元格右下角的填充柄,对数据或公式进行填充,是 Excel 的常用操作。填充也有一些小技巧:

1. 当左边有连续数据时,向下拖动填充,也可通过双击实现,效果一样,操作更简单;

2. 当填充的单元格是数值型数据时,直接拖动,相当于复制,Ctrl＋拖动会自动加1;

3. 当单元格数据是文本,且内部包含数字时,或者前加单引号的数值,拖动后数值会加1,Ctrl＋拖动只是复制内容,数值不会加1;

4. 当单元格数据是序列中的某文字,则拖动会自动按序列次序填充,Ctrl＋拖动只会复制;

5. 当选中两个数值或日期类型单元格,再拖动,则会以两个单元格值为差值,进行等差序列填充;

6. 单元格的复制粘贴,等同于拖动填充,当填充的单元格不连续时,用粘贴更方便;

7. 先选中多个单元格,再输入公式后按 Ctrl＋Enter,也可进行填充,相对于当前单元格,其他单元格的公式一样遵守相对引用规则,效果也和复制粘贴一样。

8. 当选中一行多个连续单元格,按 Ctrl＋D 键时,会复制上一行对应的内容;同样,按 Ctrl＋R 键,可复制左边的一列内容,即向 Down 和 Right 方向复制。同样,复制遵守相对引用规则。

10.1.5　快速填充功能

Excel 从 2013 版开始,增加了快速填充功能。快速填充(也称智能填充,快捷键为 Ctrl＋E),可根据当前单元格数据在左边列的数据规律,自动填写列中其他单元格的内容。即第一个单元格手工填写,后续单元格在按 Ctrl＋E 后会自动填写。能识别的规律主要有:

1.部分字符、部分字符＋固定内容；

2.按某字符拆分；

3.合并两列；

4.按位置添加字符；

5.字中找数字；

6.开始 n 字符、最后 n 个字符。

10.1.6　绝对引用和相对引用

拖动填充柄填充的公式中,单元格的名称,会以相对位置自动改变,若不想自动改变单元格,则需要使用绝对引用表示单元格,即在单元格的行或列前面增加" $ "符号标记(可手工输入,也可按功能键 F4 进行切换)。单元格的行列都可相对,也都可绝对,也可一个相对一个绝对(俗称混合引用)。字母前有" $ ",向右拖动复制,字母不会变;数字前有" $ ",向下拖动复制,数字不会变。

绝对引用和相对引用的规律,同样适合复制粘贴、Ctrl＋Enter 填充、条件格式公式、数据验证公式等场合。

10.1.7　公式的组成

Excel 使用的公式,也叫做表达式,它是由常量、单元格、名称(命名单元格)、运算符、函数等部分组成的一个式子。一个公式,一般情况下只返回一个值,数组的运算,可能会返回一个数组。

1.常量

常量就是直接表示的固定值,Excel 只有以下几种常量类型：

(1)数值型：可直接表示小数、负数,还可用科学记数法表示,例 1.2E-5 代表 1.2×10^{-5}；

(2)字符型：外加双引号；

(3)逻辑型：只有 TRUE 和 FALSE 两个值,直接表示；

(4)日期型：不能直接表示,即没常量方式,一般用字符型常量自动转换获得。

2.单元格

单元格可以是单个单元格或一个范围：

(1)单元格或范围可以命名,叫名称,名称不能和现有单元格重名(字母加数字)。

(2)矩形区域的单元格表示为"左上角:右下角",如 A3:C4 代表 2 行 3 列 6 个单元格。

3.运算符

(1)算术运算符"＋－＊/^",分别代表加减乘除和乘方,优先级和数学一样,先乘方,后乘除,再加减。加减同级,乘除同级,顺序从左到右。

(2)比较运算符,又称关系运算符,有"＞""＞＝""＝""＜＝""＜""＜＞",共 6 种,分别表示大于、大于等于、等于、小于等于、小于、不等于,比较运算符的优先级比加减还低,比较运算符的结果是逻辑型。

(3)括号可改变优先级,不管多层,括号只有一种"()",前后都应配对出现。

4.函数

(1)函数由函数名和括号组成,括号内有若干个参数;少量函数没有参数,一对空括号必须保留,如 Now()、Today()、PI()、Rand()等。

(2)函数的参数,可以使用表达式表示,即公式整体可嵌套使用。

10.1.8　公式与函数的输入

1.在输入公式时,可直接按 fx 按钮进入函数选择对话框,此时系统会自动添加等号。这种方法还需要在对话框中搜索函数,或在下面的列表中选择函数,使用上并不是很方便。当已知函数名的情况下,不建议这么使用,可使用下面的方法。

2.若直接输入函数,必须先输入等号,然后在输入函数时,每输入一个字母,函数均会自动提示,在函数单词没输完的情况下,可以用光标上下移动,然后按 Tab 键直接选择,也可用鼠标双击进行选择。

3.在输入函数与左括号后,也可以再按 fx 按钮,显示函数提示窗口。在提示窗口中,若有多个函数嵌套的情况下,鼠标点击编辑栏中公式的不同位置,提示窗口会自动显示光标位置所属函数的提示。

4.若在输入函数参数时,需要嵌套输入函数,除了直接输入外,还可以从编辑栏左边的函数列表中选择,若列表中不存在所需的函数,还可从最后的"其他函数"中选择。注意:此时直接点击 fx 是打开或关闭提示对话框,并不能插入函数。

5.如果没有点击 fx 按钮,在没提示窗口时,鼠标点击公式不同位置,同样也有对应函数参数的简易提示,其中加粗为当前参数,参数两边有中括号"[]"的为可省略参数。如10-1所示。

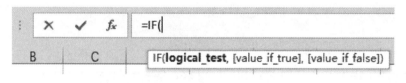

图 10-1　函数参数的简易提示

6.在输入公式时,如果想查看公式一部分内容的结果,则可在选中相应内容后,按 F9键,选中的内容即会转换为结果,这样可以分段分析复杂公式各部分的结果。当然,若只是想暂时查看结果,公式还要保留,则可以用撤销(Ctrl+Z)操作来恢复公式,也可按 Esc或公式左边的取消图标来恢复整个公式的初始值。按 F9 转换为结果,也可以在按 fx 按钮后对话框的参数中使用。

10.1.9　数据的输入

1.分数可直接输入,但要以"带分数"的格式($A\frac{C}{B}$)输入,次序是 A、空格、C/B,即使是真分数(整数部分为 0),也要先输"0"、空格。直接输入"1/3"会输入今年的 1 月 3 日,而不是分数。

　　注:若公式中要用分数,可直接写 1/3,此时的"/"是除法运算符。

　　2.数字前加单引号,即强行按字符型对待,适合于几种情况:0 开头的编号、号码之类的内容,或位数很多的数字编号。原则上不进行加减等数值运算的所有编号、型号、号码等,适合用字符类型,前面一律加单引号,例如:身份证号码、电话号码、产品型号编号等。

　　3.负数除了用减号外,也可以在数字外加括号输入。如输入"(2)",结果就是"−2"。

　　4.一个日期型数据,若输入或计算后,显示的是数值,则是显示格式问题,把数值格式由"常规"改为"短日期"或"长日期"即可。反之也一样,数值型显示成日期,也可通过改变格式为"常规"来恢复。同理,时间格式和小数格式是对应的,也可切换。

　　提示:快捷键 Ctrl+Shift+1~5,分别设置为整数、时间、日期、货币、百分比格式。

10.2　实　验

10.2.1　实验目的

　　1.熟练掌握各种基本知识;

　　2.熟练掌握各种基本操作;

　　3.掌握各种常用的操作技巧;

　　4.掌握常用快捷键的使用。

10.2.2　实验内容

　　1.在给定的各部门考勤表 Sheet1 中,完成:①填写部门为"部门 01"—"部门 15";②根据缺勤,填写"实到"数据(人数-缺勤)。

　　2.Sheet2 的 A 列为年份,在 B 列计算是否为闰年,若是则显示"闰年",不是则显示"平年"。闰年定义:年数能被 4 整除而不能被 100 整除,或者能被 400 整除的年份。

　　3.在 Sheet2 的 D2 和 D3 单元格中输入分数 $\frac{4}{3}$、$1\frac{2}{3}$。

　　4.在 Sheet2 的 D4 单元格中输入身份证号码:330301198812234562,在 D5 单元格中输入电话号码:057788131234。

　　5.在 Sheet2 的 D6 单元格中,先输入"5−4",回车后查看结果,然后再尝试修改成数值 54。

10.2.3　实验分析

　　1.考勤表填写

　　(1)单元格文字中包含数字时,向下拖动填充柄填充,序号会自动增加,不需按 Ctrl 键。

　　(2)计算公式为:实到人数=总人数−缺勤人数,即 D3 填写公式为"=B3−C3";但其余单元格的计算需要复制填写,因此,要考虑绝对引用与相对引用问题:右方各天的数据中,总人数为固定单元格,要用绝对引用,因此 B 前要加"＄";缺勤为变化单元格,要用相对引用,因此 C 前不用"＄";下方的数据均为相对,数字前都不用加"＄"。最终应用公式为"＝＄B3－C3"。

(3)由于需要填写的数据列之间已有数据,因此不能向右拖动填充柄复制公式,但可通过复制、粘贴单元格内容来实现,效果相同。

2.闰年的判断

(1)能整除就是余数为 0,A2 能被 4 整除的公式是:MOD(A2,4)＝0。逻辑与(所有参数全部为真,结果才为真)的函数是 AND,逻辑或(只要有一个参数为真,结果就是真)的函数是 OR。闰年的逻辑判断是:年份是 4 的倍数且为非 100 倍数,或为 400 倍数。因此 B2 的公式为:"＝If(Or(And(Mod(A2,4)＝0, Mod(A2,100)<>0), Mod(A2,400)＝0),"闰年","平年")"。

(2)若 A 列不是数值型的年,是日期型,则上述公式中的所有 A2 还要用 YEAR(A2)代替,即取日期的年份。

(3)本题涉及大量函数及嵌套,请练习函数嵌套的使用,对话框提示及切换的用法。最外层的 IF 函数有 3 个参数,参数 2、3 比较简单,可先输入;复杂的是参数 1,有嵌套函数,可最后输入。

3.分数的输入

输入分数要先输整数部分,再输空格与分数。若需要显示假分数,则需要修改显示格式为"其他数字格式-自定义",设置为"？／?"。

4.超常长数值和 0 开头的数值的输入

输入超常长数值或 0 开头的数值,必须用字符型,前面加英文单引号(')。

5.日期型改数值型

输入"5－4",系统会按"5 月 4 日"对待,重新输入数值 54,系统还会按日期显示,必须修改格式为常规或数值,才能正确显示数值 54。

10.2.4 实验步骤

1.考勤表填写
(1)在部门的第一格 B3 填写"部门 01",向下拖动填充柄或双击进行填充。
(2)在 D3 中填写公式"＝＄B3－C3",然后双击填充柄填充下面单元格。
(3)复制已输入公式的 D 列单元格,然后粘贴到 F3、H3、J3、L3 单元格。如 10-2 所示。

2.闰年的判断
B2 中的公式为:"＝If(Or(And(Mod(A2,4)＝0, Mod(A2,100)<>0), Mod(A2,400)＝0),"闰年","平年")"。其余双击填充柄填充。

3.直接输入:"0 4/3"和"1 2/3"。注意第 1 个数后有空格。

4.在数值前加一个英文单引号(')即可。

	部门	人数	星期一		星期二		星期三		星期四		星期五	
			缺勤	实到	缺勤	实到	缺勤	实到	缺勤	实到	缺勤	实到
3	部门01	30	2	=B$3-C3			7		4		5	
4	部门02	25	2		6		4		2		3	
5	部门03	26	6		8		5		4		2	
6	部门04	36	1		4		2		0		4	
7	部门05	41	1		0		3		0		1	

图 10-2　考勤实到人数的计算

5. 先输入"5-4"为日期型，再改成数值 54，还是日期型。重新点击"开始－数字"组上面的下拉列表，改成"常规"或"数值"即可使数据显示为数值型。

第 11 章

数组的使用

11.1　知识要点

11.1.1　区域数组

数组就是一块连续单元格区域,数组分一维数组和二维数组。一维数组就是一行多列数据(如 A2:H2),或一列多行数据(如 A1:A10),一维数组也叫向量;二维数组就是多行多列数据(如 A2:H10)。这种数组,也称之为区域数组。

11.1.2　常数数组

数组数据除了用连续的单元格组成的区域数组外,还有一种叫常数数组,即表示的数组不需要用单元格,可直接用常数表示出来。数组常数外面用{}包围,内部数据之间,行数组以逗号(,)分隔,列数组以分号(;)分隔,二维数组先是以逗号分隔的行数据,不同行之间再以分号分隔,如:{1,2,3;4,5,6}为 2 行 3 列的数组。

在 Excel 的函数或操作中,除了条件区域等少量场合外,大多数函数中可使用区域的参数,也可以用常数数组代替。

11.1.3　数组的运算

对一列数据进行计算,一般先计算好一个单元格,然后通过拖动填充柄(或双击填充柄)进行其余单元格的填充。而数组的计算方法,是对所有要计算的单元格进行一次性计算,即数组计算是一个整体。

1.一维数组间的运算

按顺序一一对应进行,若两个数组元素不一样多,则后面多余的元素运算结果会是 ♯N/A(错误,代表未知)。填充结果单元格也类似,若填充单元格多,多余的为 ♯N/A;若结果多,多余结果将被忽略。例:3 个数加 4 个数,结果填充到 5 个单元格中,则前 3 个有结果,后两个是 ♯N/A。

2.数组和单个数(非数组)的运算

结果是每个数组元素和该数分别运算。例:{1,2}　2 的结果是{2,4},而{1,2}　{2}的结果是{2,♯N/A}。

3.数组一维数组间的运算

行列是分别对应的,单行数组和单列数组是不同的,若进行运算,其行、列数组都会扩展成二维数组进行运算,结果也是一个二维数组。例:{1;2}+{1,2,3}结果是一个 2 行 3 列的数组,即第 1 行加 1,第 2 行加 2,结果为{2,3,4;3,4,5}。

11.1.4　函数中使用数组

若计算结果也需要是数组,那么在数组公式中,不能使用 Sum、Average 等统计函数,因其本身就可使用数组参数,这些函数对数组的统计结果会计算成单个结果,并不会返回数组。因此如果想实现数组和数组相加,只能使用加和除等普通运算符计算。

除了 Sum、Average 等统计类函数以外,大部分参数使用单一数据的函数,函数的参数是可以使用数组的,函数会对数组参数分别进行计算,返回的结果也是数组。

数组参数的函数例:

1.Sum(A1:A10,B1:B10):会直接对 20 个单元格求和,结果只有一个值;

2.A1:A10+B1:B10:是 10 对数据分别相加,结果是 10 行 1 列的数组;

3.Mod(A1:A10,2):10 个数据分别除 2 求余数,结果是 10 行 1 列的数组;

4.Row():没参数是返回当前的行号;

5.Row(A1:A10)或Row(1:10):返回数组的行号,即 1~10 共 10 个数组成的数组。

11.1.5　数组运算操作步骤

1.首先选中要填充计算结果的多个目标单元格。若数据比较多,可分别在首尾单元格中用单击和 Shift+单击的方法,选中两者之间的所有的单元格。

2.输入等号及公式。公式中的单元格也是一个数组(即多个单元格)。选择已有数据的多个单元格,可用单击第一个数,再按 Ctrl+Shift+向下键,来选择连续有数据的单元格。

3.按 Ctrl+Shift+Enter 结束。

注意:①计算公式输完后,在编辑栏中可发现公式两边有一对{},这就是数组公式的标志,是自动添加的,不能人工输入。

②数组方式计算的单元格是一个整体,公式都相同,若要修改数组公式,必须整体一起修改,即使少选一个单元格,也是不允许修改的。若编辑数组时,不容易确定原来数组的范围,选中数组中任意单元格后,再点击"开始-编辑-查找和选择-定位条件"(或按快捷键 F5,再选"定位条件"),在对话框中选择"当前数组",即可自动选中当前数组全部单元格。

11.1.6　区域数组与常数数组的相互转换

区域数组转换为常数数组的方法是:在输入公式后,选中多个单元格,然后按 F9 键,原来单元格名称会自动转换为由各单元格的值组成的常量数组。常量数组是一个字符串,可以复制、粘贴,适合软件间切换使用。如图 11-1 所示。

选中多个单元格,输入"="及数组常量(可以从别处粘贴过来),按 Ctrl+Shift+Enter,即可把数组常量直接填到单元格中。注:这样填写的内容是数组,不能个别修改,需

图 11-1　区域数组转换为常数数组

要修改时要重新选中所有单元格,并修改公式,还要以 Ctrl+Shift+Enter 结束。

11.2 实 验

11.2.1 实验目的

1.掌握数组的基本概念;

2.掌握数组运算的操作方法;

3.掌握数组运算编辑修改的方法;

4.掌握数组常量的表示方法;

5.了解数组运算的应用场合;

6.了解部分数组的相关技巧。

11.2.2 实验内容

1.用数组方法,给定 Sheet1 中的单价和数量,计算金额填写到对应的列中。

2.用数组方法,求 Sheet2 中成绩总分和平均分。

3.在 Sheet3 中,直接用公式计算 1 到 100 的和,结果放 F1 单元格中。

4.在 Sheet3 的 E1:E20 中分别填入 1～20 的平方。

5.在 Sheet3 的 F1:F20 填入 5～24 的平方。

6.在 Sheet3 中,统计 A1 到 A10 中奇数的个数填入 A15。

7.对 Sheet4 的 D1:D8 分别乘 1 至 8,结果填入 E1:E8 中。用常量数组实现。

11.2.3 实验分析

1.计算相乘,直接按数组方式输入公式即可。

2.用数组方法求成绩的总分和平均分,不能使用 Sum 和 Average 函数,应使用直接相加和相除公式。

3.直接用公式计算 1 到 100 的和,可用 Row 函数(返回参数的行号):

(1)函数 Row(A1:A100),或 Row(B1:B100),或 Row(1:100)都能返回这 100 个(行)单元格的行号,即一个由 1～100 组成的数组。

(2)SumProduct(Row(1:100))就能返回 1～100 的和,即 5050;

（3）若用 Sum 代替 SumProduct，也是可以计算出结果的，只是用它时，虽然结果也只是一个单元格，也必须是用数组的方法结束，即最后要用 Ctrl＋Shift＋Enter 键结束，而不能直接按回车键结束。

（4）Excel 还有一个类似 Row 的函数 Rows，但它和 Row 完全不同，Rows 返回的是参数总的行数，即函数返回的是一个数，不是一个数组。因此数组计算不能用 Rows 函数（不要错误理解成单个用单数、数组用复数）。

4.Row( ) 中没有参数时返回当前行号，Row( )^2 就是当前行的平方。公式"＝Row( )^2"的结果是一个值，是否用数组的方法都可以，方法有：

（1）选中多个单元格，输入公式后，直接用 Ctrl＋Enter 复制公式。

（2）在第 1 个单元格中输入公式，然后拖动填充柄实现复制公式。

（3）用数组的方法，选中多个单元格，输入公式后，直接用 Ctrl＋Shift＋Enter 结束。

5.公式"＝Row(5：24)^2"就是 5～24 的平方，它是数组，只能用数组方式填充，如果第一个单元格用公式"＝Row(A5)^2"或"＝Row(5：5)^2"，那么就是一个值，不用数组方式，选中后用 Ctrl＋Enter 复制，或用填充柄填充均可。

6.Mod 函数可求两个数相除的余数，Mod(A1：A10,2) 就是除 2 的余数数组（0 或 1），对它们相加即可计算奇数的个数，外层用 SumProduct 函数求和。与上题一样，最后若用 Sum 求和就得用数组的方式（Ctrl＋Shift＋Enter）结束）。

7.常量数组的列方式，用分号分隔，外加"{}"

11.2.4　实验步骤

1.计算金额操作步骤如下：

（1）选中金额后面需要计算的多个单元格；

（2）直接输入"＝"和公式，公式中的单元格数组可用鼠标单击第一个数据，然后按 Ctrl＋Shift＋向下键，来自动选择；

（3）输入完公式并检查无误后，按 Ctrl＋Shift＋Enter 完成。如图 11-2 所示。

图 11-2　数组运算的基本操作

2.求成绩总分和平均分操作步骤如下:

(1)和上题一样,直接选中结果单元格,输入"="与数组公式,最后按 Ctrl+Shift+Enter 结束。公式中不能用 Sum 和 Average 函数,只能用加和除。

(2)若在选择单元格时,发现第一个单元格由于结果单元格公式太长,占用了要选择的单元格位置,鼠标无法点击选中,则可从下往上拖动选择,或者直接用键盘输入单元格名称,切勿用鼠标乱点;如图 11-3 所示。

图 11-3 数组方法计算总分与平均分

3.计算 1 到 100 的和操作步骤如下:

直接用公式计算 1 到 100 的和:直接输入公式"=SumProduct(Row(1:100))"即可。

4.计算 1 到 20 的平方操作步骤如下:

在 E1 中直接输入"=Row()^2",拖动填充柄填充下面单元格即可。也可用数组方式。

5.计算 5 到 24 的平方操作步骤如下:

在 F1 中直接输入"=Row(A5)^2",拖动填充柄填充下面单元格即可。

6.统计奇数个数操作步骤如下:

输入公式"=SumProduct(Mod(A1:A10))"即可。

7.分别乘 1 到 8 操作步骤如下:

选中 E1:E8,输入公式"=D1:D8 * {1;2;3;4;5;6;7;8}",再按 Ctrl+Shift+Enter。

第 12 章

数据验证

12.1 知识要点

12.1.1 数据验证

1.若对单元格设置了"数据验证",则当对单元格数据进行修改并离开时,系统将对单元格的值进行验证,如果不满足设置的条件,则会显示出错提示。设置方法:先选中单元格,再点击"数据–数据验证"进行设置。

2.出错警告窗口的标题、样式(图标)及错误信息都在"出错警告"选项卡中重新定制。

注:2019 版的"数据验证",在 Excel 2010 版中,名称为"数据有效性"。

12.1.2 验证条件"文本长度"的设置

设置选项卡中的"文本长度"不局限于文本类型的格式设置,对数值型同样有效。数值类型的小数点及负号同样算 1 位。

12.1.3 验证条件"自定义"的设置

1.选择自定义验证条件(见图 12-1)时,公式中的单元格格式和计算公式类似,也是以

图 12-1 数据验证中的自定义方式

等号开始。输入公式时,也可以点击选择单元格进行辅助输入,同样也有相对引用和绝对引用之分。当公式结果是 True(真)时,输入值合法,否则输入无效。

2.表达式要返回逻辑型,一般都是比较运算,或者是逻辑函数。等号(=)也是一种运算符,出现在逻辑表达式中是比较符号,和公式前的等号含义完全不同。

12.1.4 多单元格设置数据验证的方法

可以同时选择多个单元格,一起进行验证条件设置。设置公式应用于当前单元格(选中后白底的单元格),其他选中的单元格的验证公式,会根据相对引用或绝对引用方式,自动进行相应变化。

12.1.5 其他设置

1.出错警告信息也是可以设置的,样式可选,有 3 种:停止、警告、信息。三种样式,分别用三种图标表示(⊗ ⚠ ⓘ)。出错对话框的"标题"和"错误信息"可定制,直接输入内容即可。如图 12-2 所示。

图 12-2 数据验证的 3 种出错警告样式和信息设置

2.三种样式对输入错误的处理方式不同,对话框按钮也不同。其中"取消"是每种样式都有的按钮,就是输入作废,单元格的值恢复成编辑前的内容,返回单元格。"停止"样式还有"重试"按钮,即保留输入值,返回重试;"警告"样式还有"是"和"否"按钮,"是"允许离开,"否"则返回继续编辑;"信息"样式还有"确定"按钮,"确定"也允许离开。如图12-3、图 12-4、图 12-5 所示。

3.输入数据时也可有提示信息,设置了"输入信息"后,在选中此单元格时,就会在单元格旁边显示设置的信息了。如图 12-6 所示。

图 12-3　默认的"停止"样式对话框

图 12-4　"警告"样式对话框

图 12-5　"信息"样式对话框

图 12-6　输入信息对话框设置与提示

12.2 实 验

12.2.1 实验目的

1.掌握数据验证的基本概念；

2.掌握数据验证的几种常用设置；

3.掌握数据验证中数据不重复的设置；

4.掌握数据验证中错误提示及样式设置。

12.2.2 实验内容

1.在 Sheet1 中设置：A 列数据不能重复，B1～B20 不能重复，C2～C20 不能和 C1 重复。如果有重复，则弹出窗口提示"数据重复!"，图标为感叹号。

2.在 Sheet2 中，C 列为性别，只能输入"男"或"女"，可为空，不提供下拉列表选择。

3.在 D 列输入年龄数据，男性 60 以上或女性 55 以上(包括 60 岁、55 岁)为允许输入，否则为不允许数据。性别为空，则任何年龄均允许。

4.设置 E2 只能输入 5 位或以下位数的整数；设置 F2 只能输入 5 位或以下位数的内容。

12.2.3 实验分析

1.单元格不重复设置

单元格不重复，就是其他单元格的内容没有和当前单元格相同的值，即所有单元格(包括当前单元格)中，和当前单元格值相同的数量为 1，这个可用 CountIf 函数实现。

(1)A 列不重复的自定义公式为"＝CountIf(A：A，A1)＝1"，此处两个参数 A：A 和 A1 都可用选中单元格方式输入。A：A 照理应该改成绝对引用，但整列可以不用改变(整列的绝对和相对是一样的)。

(2)设置 B1～B20 不重复，公式类似，输入"＝CountIf($B$1：$B$20,B1)＝1"，此处的 B1：B20 一定要改成绝对引用，但 B 前面的 $ 可省略。第二参数 B1 为当前单元格，当选中后从上向下拖动鼠标时，当前单元格是最上面一个，即 B1，如图 12-7 所示。如果用鼠标从下往上选中 B1～B20，则当前单元格为 B20，即白底单元格。

(3)C2～C20 与 C1 不同，假设选中后的当前单元格为 C2，则公式为"＝C2＜＞$C$1"。

(4)"出错警告"信息要和"设置-公式"一起设置，最后按"确定"。

2.性别的验证条件设置

设置性别中只能输入"男"或"女"，有两种方法：

(1)检测一个文本中是否含有某文字，可用 Search 函数实现，参数 2 中若含有参数 1 的内容，则函数返回位置值，不包含就返回 0。数据验证可用自定义方式，可用 Search 函数实现，也可直接用"＝"来比较。

(2)用序列方式设置，不选中"提供下拉箭头"即可。

图 12-7　B1－B20 不重复的验证条件

3.年龄的验证条件设置

(1)年龄输入合法的条件有 3 个:男 60 岁以上、女 55 岁以上或性别为空。3 个条件有一个满足即可,可用 Or 函数实现。年龄和性别,两个条件是同时满足,则要用 And 函数。

(2)年龄为空是合法的,保留"忽略空值"的默认设置即可。

(3)其他单元格的验证公式,可以选中后一起设置,但一定要以白底的当前单元格为设置对象,其他单元格会自动按相对单元格规则一起设置。也可使用选择性粘贴的方法粘贴验证公式:先设置 D2 的验证公式,再复制,选中其他单元格后,右击选"选择性粘贴—数据验证"。

4.E2 和 F2 验证条件设置

直接设置"整数"和"文本长度"选项即可。如图 12-8 所示。

图 12-8　设置数据验证—整数或文本长度

12.2.4　实验步骤

1. 单元格不重复设置操作步骤如下：

（1）选中 A 列，在"数据-数据验证"的"设置-允许"选"自定义"，在"公式"中输入"＝CountIf(A:A,A1)＝1"。

（2）鼠标从上往下选中 B1～B20，同样输入公式"＝CountIf($B$1:$B$20,B1)＝1"，注意绝对引用。

（3）鼠标从上往下选中 C2～C20，同样输入公式"＝C2＜＞$C$1"，注意绝对引用。

（4）A 列、B1:B20 及 C2～C20 三块的数据验证设置，"出错警告"中的样式都选择"警告"。

2. 性别的验证条件设置操作步骤如下：

选择 C 列多个单元格，以 C2 为当前单元格，两种设置方法如下：

（1）方法 1：将"允许"选择为"自定义"，公式为：＝Search(C2,"男女")＞0，或：＝OR(C2＝"男"，C2＝"女")。前者有点小漏洞：当输入"男女"，也是允许的。

（2）方法 2：将"允许"选择为"序列"，来源输入"男，女"，取消"提供下拉箭头"。

3. 年龄的验证条件设置操作步骤如下：

选中 D 列多个单元格，以 D2 为当前单元格，验证公式为：＝Or(And(C2＝"男",D2＞＝60),And(C2＝"女",D2＞＝55),C2＝"")。

4. E2 和 F2 验证条件设置操作步骤如下：

E2 的验证条件设置为："整数""小于等于"，值为 99999。F2 验证条件设置为："文本长度""小于或等于"，值为 5。

第 13 章

日期与时间函数

13.1　知识要点

日期函数一般返回年、月、日等日期值。时间函数一般返回时、分、秒等值。

在 Excel 中系统日期范围为"1900－1－1"到"9999－12－31"。若输入年份介于 0 至 1899,如 100,则系统解释为 1900 年算起的之后 100 年,即 2000 年。若输入年份超过最大值,则无法显示正确结果。

13.1.1　Date 函数

函数功能:返回 Excel 中的标准日期。

函数格式:Date(year,month,day),year 为指定年份数值,month 为月份数值,day 为该月第几天的数值。其中,month、day 的数值具有满进功能:月份超过 12 则年份加 1;日期超过当月最大日期时,月份加 1。

说明:灵活使用 Date 函数的满进功能可以解决许多实际问题,如:从 5 月起实习期为 100 天,计算实习结束日期;已知一年中的第几天,推算出当天的日期等。

13.1.2　Day/Month/Year 函数

函数功能:Day 函数返回输入日期中对应的"日"数值(Month、Year 函数返回"月"数值、"年"数值)。

函数格式:Day(serial_number),其中参数 Serial_number 应为日期类型,如图 13-1 所示。图中字符型参数自动转换为日期型数据,"36778"是日期数据的数值型表示。

图 13-1　Day 函数的输入参数

13.1.3　Today/Now 函数

函数功能:Today( )返回当前日期;Now( )返回当前日期和时间。

函数格式:Today( )、Now( ),函数无参数,其值与系统时间有关,时间更改时使用 F9 刷新或文档打开时自动更新。

13.1.4　Time 函数

函数功能:返回特定时间的序列数值,返回格式与单元格设置时间格式一致。

函数格式:Time(hour,minute,second)

说明:与 Date( )函数类似,各字段具有进位功能,其中参数 hour 为 24 小时内计数,大于 24 小时的天数不计。

13.1.5　Hour/Minute/Second 函数

此组函数为时间类型数据的时、分、秒截取函数。

函数功能:返回输入时间中对应的"时""分""秒"数值,具体返回格式以单元格数据格式设置为准。其中,返回值"小时"为 0 至 23 之间的整数;"分"是介于 0 至 59 之间的整数;"秒"是介于 0 至 59 之间的整数。

函数格式:Hour(serial_number)、Minute(serial_number)、Second(serial_number)。

时间值的表示有多种输入方法,可以是字符型时间,系统会自动转换为时间型,如图 13-2 所示。

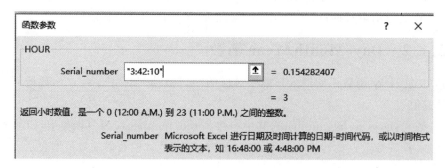

图 13-2　Hour 函数的时间参数格式

或是十进制数值格式,如图 13-3 所示,即将十进制 1,分割为 24 份计数,即 24 小时× 0.75＝18。

说明:以上三个函数的参数类型由字符转换成时间,具有满进功能,即"秒"超过 60 则 "分"加 1;"分"超过 60 则"时"加 1;"时"超过 23 则清零重新计算。应特别注意,参数的 "时""分""秒"三个参数只能有一个可超出。如图 13-4 所示。否则将提示如图 13-5 所示 的错误信息。

图 13-3　Hour 函数的十进制参数格式

图 13-4　时间截取函数的单位满进

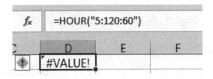

图 13-5　时间截取函数满进出错

13.1.6　Workday 函数

函数功能：返回在某日期（起始日期）之前或之后、与该日期相隔指定工作日的某一日期的日期值。工作日不包括周末和专门指定的假日。

函数格式：Workday（start_date，days，［holidays］），其中 days 为正数时计算 start_date 之后的时间，为负数则计算 start_date 之前的时间；可选参数 holidays 为假日列表，可为单个数据或数组。

13.1.7　日期时间的运算

1.日期型数据的本质是数值，理论上讲，数值能运算的，日期也都可以。

2.两个日期（或时间）型数据可直接相减，结果为两者相差天数（或时间）。

3.日期加减一个数，就是此日期加减若干天后的日期。

4.两个日期相加、相乘、相除，是可以进行的，其数据一般无意义。但两个时间可相加减，结果为两者时间差，可直接以时间格式显示。

13.2　实　验

13.1.3　实验目的

1.掌握 Date、Time、Workday 函数的一般及技巧性应用；

2.掌握 Today、Now 函数的使用方法;

3.掌握 Day、Month、Year 等函数的使用方法;

4.掌握 Second、Minute、Hour 等函数的使用方法。

13.1.4 实验内容

1.求函数 date(2008,12,35)的结果。

2.某公司为抽样 2015、2016 年各两个月份的日销售额,计算图 13-6 中的当月天数。

	A	B	C
1	年份	月份	当月天数
2	2015	2	
3	2015	6	
4	2016	1	
5	2016	7	

图 13-6　月份所含天数

3.计算图 13-7 中的职工年龄和截至 2012 年的入职年限。

	A	B	C	D	E
1	性别	出生日期	年龄	入职日期	入职年限
2	男	1970年1月		1992年9月	
3	女	1975年5月		1998年8月	
4	女	1962年6月		1983年8月	
5	男	1958年9月		1980年7月	
6	男	1949年8月		1970年1月	
7	男	1948年10月		1969年10月	
8	女	1977年1月		2000年8月	
9	男	1965年1月		1989年7月	

图 13-7　职工信息

4.某快餐店送餐距离 2.5 公里以内承诺 0.5 小时送达,超过该距离则 1 小时内送达,计算图 13-8 中的送餐时限和送达时间。

C2			f_x	
	A	B	C	D
1	订餐时间	距离km	送餐时限（分）	送达时间
2	9:21:10	0.7		
3	11:34:15	4.3		
4	17:07:04	3.8		
5	21:50:20	2.1		
6	22:22:30	4.7		

图 13-8　送餐计时

5.某公司 A 类订单的返单(完成订单)时限为 6 日(双休日、公司假期不计),公司假期如图 13-9 所示,计算图中的返单日期。

M
公司假期
2018/1/8
2018/2/17
2018/3/1
2018/5/2
2018/5/3
2018/5/4
2018/5/5

I	J	K
收件日期	订单类别	返单日期
2018/1/3	A	
2018/1/14	A	
2018/2/25	A	
2018/3/6	A	
2018/3/7	A	
2018/4/28	A	
2018/8/19	A	

图 13-9　某公司上半年假期　　　　图 13-10　A 类业务返单计时

6.游泳馆计费统计。根据图 13-11、图 13-12 中的数据,完成下列题目操作:

(1)计费标准为:儿童每小时 15 元,成人每小时 25 元,如图 13-11 所示。

计费标准(元/小时)		
类型	儿童	成人
金额	15	25

图 13-11　游泳馆计费标准

游泳馆费用统计表						
卡号	类型	费用/小时	入馆时间	出馆时间	停留时间	应付费用
5078546	儿童		8:26:25	8:59:25		
5033551	成人		8:34:12	9:30:01		
5056587	成人		9:00:20	10:10:04		
5093355	儿童		9:30:49	11:38:13		
5005258	儿童		10:19:23	11:09:23		
5003552	成人		10:22:58	12:09:03		

图 13-12　游泳馆某日费用统计

(2)不满一小时按一小时计费;超过整点数 15 分钟,含 15 分钟的,多累计 1 小时(1 小时 10 分,按 1 小时计费;1 小时 15 分,按 2 小时计费)。

(3)使用数组公式计算人员在游泳馆的停留时间。要求格式为"时:分:秒"。

(4)参考收费标准,填充第三列"费用/小时"。

(5)根据计费标准求出应付费用。

(6)求儿童的平均运动时长,将结果填充在 J6 单元格中;再求成人的平均运动时长,将结果填充在 J7 单元格中。

(7)在 H 列增加"入场整点",以人员入馆时间的小时数计。在新工作表中,用折线图绘制以运动时间为横轴的每小时运动人数分布图,坐标名称分别为"时间""人数"(选做)。

13.1.5　实验分析

1.使用 Date 函数的进位特性;

2.使用 Day 函数的参数特性和 Date 函数的进位特性。

3.使用日期函数提取年份,注意数据格式的转换。

4.使用时间函数提取时间,并计算相应截止时间,注意数据格式的转换。

5.使用 Workday 函数以及提供的假日列表进行计算。

6.先用 If 函数计算"费用/小时",计算成人、儿童的运动时间,然后按照计费规则计算费用以及成人、儿童的平均运动时长。为求每小时(整点)运动人数,先提取每人入场时间的"小时",再通过透视图设置布局,计算结果。

13.1.6 实验步骤

1.Date 函数的进位特性。输入日期数值为 35 大于当前最大值 31,35－31＝4 为最后日期,月份满进加 1 后为 13,大于最大值 12,满进使年份数值加 1 为 2009。如图 13-13 所示。

图 13-13 date 函数的进位输出

2.Day 函数日期为 0,即为上一个月的月底日期。设置单元格格式为"数值"类型,在 C2 单元格输入公式＝Day(Date(A2,B2＋1,0))

3.计算年龄

(1)设置"年龄"单元格格式为"数值"类型。

(2)在 C2 单元格中输入公式＝Year(Today())－Year(B2)或＝Year(Now())－Year(B2)

(3)计算入职年限。

(4)设置"入职年限"单元格格式为"数值"类型。

(5)在 E2 单元格中输入公式＝2012－Year(D2)。

4.送餐时间:按已知信息,使用 If 函数填写送餐时限如图 13-14 所示。

	A	B	C	D
1	订餐时间	距离km	送餐时限(分)	送达时间
2	9:21:10	0.7	30	
3	11:34:15	4.3	60	

C2 =IF(B2>=2.5,60,30)

图 13-14 送餐时限

送达时限:

(1)设置送达时限格式为 24 小时时间格式,设置为"开始-数字-时间"。

(2)送达时限公式如图 13-15 所示。

图 13-15　送达时限

思考：若送餐时限以"小时"为单位时的公式处理。

5.设置"返单日期"单元格格式为"日期"类型，使用 Workday 函数计算假日外的工作时间，如图 13-16 所示。

图 13-16　假日外的工作时间

图中"43103"等数值同前例中所述，均为相对于"1900－1－1"的序号。则得如图 13-17 所示的返单日期。

I 收件日期	J 订单类别	K 返单日期
2018/1/3	A	2018/1/12
2018/1/14	A	2018/1/22
2018/2/25	A	2018/3/6
2018/3/6	A	2018/3/14
2018/3/7	A	2018/3/15
2018/4/28	A	2018/5/8
2018/8/19	A	2018/8/27

图 13-17　A 类业务返单日期

6.利用时间格式数据的数值本质，可以对其进行有时间意义的运算，如加法和减法等。本题通过减法计算"停留时间"列。通过时间截取函数，使用 If 函数结合相应计费值，得出"应付费用"。在此过程中应注意可能遇到的数据单元格式的转换需求。

（1）时间在计算机系统里是由数值表示的序列，由单元格格式定义为相应的时间格式。停留时间＝入馆时间—出馆时间。输入数组公式为：$\{=E4:E27-D4:D27\}$。

（2）使用公式"$=If(B4=\$J\$3,15,25)$"对第三列"费用/小时"的 C4 进行填充，后续双击填充柄复制。

（3）在 G4 单元格中按照计费方法使用 If( )、Minute( )、Hour( )组合函数公式如下：$=If(Hour(F4)=0,C4,If(Minute(F4)>=15,(Hour(F4)+1)*C4,Hour(F4)*C4))$。

（4）计算儿童与成人的平均运动时长。

- 选中 I6 单元格，输入"儿童平均运动时长"。
- 选中 J5 单元格，设置单元格式为"时间"类型。
- 使用 AverageIf 函数计算，如图 13-18 所示。

图 13-18　儿童平均运动时长

用相同方法选中 I7 单元格，输入"成人平均运动时长"，计算相应值。

（5）每小时运动人数分布图。

- 在 H3 单元格输入"入场整点"，H4 单元格输入公式为：$Hour(D4)$。

选择"插入-数据透视图"，选中"A3:H27"为数据源，在新工作表中"插入-数据透视图"，如图 13-19 所示。

图 13-19　设置透视图

● 在布局设置中以"入场整点"为轴字段,"类型"为数值字段,进行计数运算,如图 13-20 所示。

图 13-20　设置透视图布局结构

● 设置透视图名称为"整点入场人数汇总",纵坐标间隔最小值为 0,间隔为 1。设置横坐标名称为"时间",纵坐标名称为"人数"。生成对应透视图如图 13-21 所示。

图 13-21　整点入场人数汇总

第 14 章

查询函数

14.1 知识要点

14.1.1 VLookup 函数

1. VLookup 函数的基本功能

函数功能：V(Vertical)垂直，VLookup 为垂直查询函数。其功能是搜索某个单元格数组(列表区域)的第 1 列，返回与该列匹配值同一行上某列中的值。

函数格式：VLookup(lookup_value, table_array, col_index_num, [range_lookup])

参数说明：

● 参数 1,lookup_value:要查找的值,类型不限;

● 参数 2,table_array:查找的数组列表,系统将在第 1 列中查找,至少返回列要在其中,数组行要从真正的数据开始,不要选中标题;

● 参数 3,col_index_num:需返回值的数组列序号,查找列的列号为 1,紧挨着的右侧列为 2,以此类推;

● 参数 4,range_lookup:可选参数,指定精确查找还是近似查找,False 为精确查找;True 或默认(省略)为近似查找。由于参数可以自动转换类型,若想精确查找,此参数可用 0 代替。

精确查找功能：VLookup 的精确查找功能(参数 4 为 0),是其基本功能,应用较广。精确查找为顺序查找,数组不需要排序,当找不到相等值时,结果会出错(♯N/A 错误)。

绝对引用问题：在相同数组中查找多项内容,一般需要把数组设置为绝对引用,方便用填充柄拖动填充。

查找功能与英文字母大小写无关,即认为大小写相等。

2. VLookup 的近似查找功能

(1)VLookup 的参数 4,忽略为近似查找。近似查找适合于按范围分类或分等级的场合使用。

(2)VLookup 的近似查找,要求参数 2 的数组的第 1 列(查找列)必须按从小到大顺序排好,否则可能会得到错误结果(注意:是数组要排序,不是参数 1 的列数据要排序)。例:在 1、2、2、2、9 中找 8,结果是最后一个 2;在 1、2、9、8 中找 8,结果还是 2,由于先出现大于 8 的数据,因此无法找到后面没排序好的 8。因此查找的数据排列的原则是:要从小到大排序,且不要有相同的数据。

(3)近似查找,若查找值比第一个还小,则结果会出错(♯N/A);若查找的值比最后一个值还大,则认为找到了最后一个值。

3.反向查询

由于 VLookup 函数是固定在数组第 1 列中查找,因此只能查找左边列返回右边列,而无法查找右边列返回左边列。当实际数据不符合此情况时,则需要使用技巧动态调整左右顺序。参数 2 的数组可用函数动态调整:IF(⟨1,0⟩,右列,左列),这个 IF 函数,就相当于临时把两列的左右顺序换一下,生成一个虚拟的先右后左的两列数组。如图 14-1 所示,查找左侧的类别返回右侧的编号,比较容易;查找右侧的编号,返回左侧的类别,就需要反向查询。公式为:＝VLookup(D3,IF(⟨1,0⟩,B3:B5,A3:A5),2,0)。

图 14-1　反向查询

4.多值组合查询

当需要查询两列或多列的内容时,和反向查询一样,也需要用 IF 函数动态组合一个数组,把两列用"&"运算符连接成一列进行查找。如图 14-2 中,查找张三的跳高成绩,即查找内容为两个单元格组合,查找数组为 2 列组合,返回 1 列。

图 14-2　多条件查询

由于本公式中出现了数组的相连运算,这个和反向查找还略有不同,虽然结果只有一个值,这里最终要使用数组公式的方法,按 Ctrl＋Shift＋Enter 结束。

VLookup 的参数 2 为 IF 组成的数组,行号要锁定,3 个数组均需要用绝对引用,以便用填充柄填充。

14.1.2 HLookup 函数

1.函数基本功能

函数功能:H(Horizontal)水平,HLookup 为水平查询函数。其功能是搜索某个单元格数组(列表区域)的第 1 行,返回与该行匹配值同一列上某行中的值。

函数格式:HLookup(lookup_value, table_array, row_index_num, [range_lookup])

参数说明:参数 3,row_index_num:需返回值的数组行序号。其余同 VLookup。

2.与 VLookup 的异同点

HLookup 和 VLookup,两者的查找功能完全相同,包括精确查找和近似查找。两者唯一不同的是查找数组的方向不同,VLookup 是在第 1 列中查找,数据是垂直方向的(从上到下),返回右边的某列数据,参数 3 是列号;而 HLookup 是在第 1 行中查找,数据是横向的(从左到右),返回下面的某行数据,参数 3 是行号。

由于数据较多时,一般都垂直排列,因此 VLookup 更常用。

14.1.3 Lookup 函数

1.函数基本功能

函数功能:Lookup 的功能和 VLookup 相似,都是查找一个数据,返回对应的另外一个数据;Lookup 只有近似查找功能,无法进行精确查找。

Lookup 有两种用法,一种是数组(Array)方式,一种是向量(Vector)方式。对话框提示也有两种选择,如图 14-3 所示。数组方式的功能,用 VLookup 或 HLookup 都能代替,向量方式的功能用 VLookup 或 HLookup 无法实现。

图 14-3 Lookup 与 Index 都有两种用法

2.函数格式与参数

向量方式:Lookup(lookup_value, lookup_vector, result_vector)

数组方式:Lookup(lookup_value, array)

(1)Lookup 两种方式的第 1 参数都和 VLookup 一样,均为要查找的内容。

(2)向量方式的参数 2、参数 3 都为一维数组(即向量)。参数 2 为查找的向量,参数 3 为返回的向量。或者说:向量方式就是 VLookup 中的一个二维数组拆成两个一维数组,作为两个参数使用。

(3)数组方式的参数只有 2 个,参数 2 是一个二维数组,在第一列(或行)中查找,返回最后一列(或行)对应的值。

3.函数的应用

(1)数组方式的查找和返回在同一数组中,与 VLookup 一样无法直接进行反向查找(即查找右边列,返回左边列);而向量方式不同,由于查找和返回属于两个参数,可直接进行反向查找,即查找右边列(或下边行),返回左边列(或上边行)。

(2)Lookup 既可像 HLookup 按行查找,也可像 VLookup 按列查找。向量方式有横向、纵向方式,即 Lookup 按行、按列查找都可以。数组方式的参数 2 数组,当行数≥列数时,相当于 VLookup 按列查找;当行数<列数时,相当于 HLookup,按行查找。即 Lookup 查找是按行还是按列,是自动由数组决定的,无法通过参数指定。

(3)对字符型的查找,Lookup 与 VLookup、HLookup 都一样,查找内容的大小写无关,如 aa、aA、AA 三者都认为是相等的。

14.1.4 Match 函数与 Index 函数

1.Match 函数的基本功能

(1)Match 查找数据返回序号(第几个),不是具体值,函数语法为:Match(lookup_value, lookup_array, match_type)

(2)Match 的参数 1、2 和 VLookup 类似,分别为查找值和查找的数组;参数 2 只需 1 列。

(3)参数 3 类似 VLookup 的参数 4,是匹配类型,默认或 1 时为升序近似查找,-1 为降序近似查找,0 为精确查找。

(4)Match 对文字的查找,也是大小写无关的。

2.Index 函数的基本功能

(1)Index 根据行、列号返回数组的元素,有两种语法:数组方式和引用方式,其中引用方式,不常用,这里不作介绍。数组方式格式:Index(array, row_num)。Index 的对话框提示有两种选择,第一种就是数组方式。如图 14-3 所示。

(2)参数 1 为一维数组(即向量),则函数只需 2 个参数不管行或列向量,参数 2 指定返回的元素序号。这种方式最常用。

(3)参数 1 为二维数组,只有参数 2,则返回该行整行数组;参数 2、3 都有时,则返回行、列交叉元素。

3.利用 Match 和 Index 进行查找

(1)VLookup 不能直接进行逆向查找,虽然可以利用技巧,用 if 对数组进行动态互换,也能实现逆向查找,但原理比较难懂。而 Lookup 虽然可以逆向查找,但它又不能进行精确查找。用 Match 和 Index 两个函数嵌套配合使用,刚好可以进行逆向精确查找,返回对应数据。

(2)Match 和 Index 两个函数嵌套配合,还可方便地进行反向查找,以及两列内容组合查找,比 VLookup 的方法容易理解。

14.2 实 验

14.2.1 实验目的

1.掌握 VLookup、HLookup 的一般应用;

2.熟悉 VLookup、HLookup 的反向查询方法;

3.熟悉 VLookup、HLookup 的多条件查询方法;

4.熟悉 VLookup、HLookup 的多条件与反相混合查询方法;

5.掌握 VLookup 和 HLookup 的近似查找功能的用法与用途;

6.掌握 Lookup 查找功能的用法与用途;

7.掌握数组常量在各种查找函数中的使用方法;

8.掌握 Match 和 Index 嵌套查找的使用方法。

14.2.2 实验内容

1.如图 14-4 所示,根据价格表和折扣信息,填写各货物单价列和折扣率。

图 14-4 价格表

2.如图 14-5 所示,根据货物编号,在货物表中查询货物编号,并将其填写到订单表的类别列中。

图 14-5 根据货物编号查类别

3. 如图 14-6 所示,根据订单表中的信息,如货物编号和客户,查询订单数量。

	A	B	C	D	E	F	G	H
1		订单表						
2	货物编号	客户	类别	订单数量		货物编号	客户	订单数量
3	s003	A公司	裤子	452		s001	F公司	
4	s003	B公司	裤子	100		s001	A公司	
5	s001	A公司	衣服	600		s002	G公司	
6	s002	C公司	鞋子	220		s001	B公司	
7	s001	B公司	衣服	156		s003	A公司	
8	s001	F公司	衣服	700				
9	s002	G公司	鞋子	500				

图 14-6　根据货物编号和客户,查询订单数量

4. 如图 14-7 所示,根据停车价目表中的信息,填写下方停车情况记录表中的单价字段。

	A	B	C	D	E	F
1		停车价目表				
2	小汽车	中客车	大客车			
3	5	8	10			
4						
5			停车情况记录表			
6	车牌号	车型	单价	入库时间	出库时间	停放时间
7	浙A12345	小汽车		8:12:25	11:15:35	
8	浙A32581	大客车		8:34:12	9:32:45	
9	浙A21584	中客车		9:00:36	15:06:14	

图 14-7　停车计费数据

5. 如图 14-8 所示,利用多种函数的方法,将各学生的成绩分成 5 档:优≥90、良≥80、中≥70、及格≥60、不及格<60。分别使用函数:VLookup、HLookup、Lookup 纵向、Lookup 横向、Lookup 向量。另外,用上述函数把查找的单元格区域改为数组常量,再查找一次。

	A	B	C	D	E	F	G	H	I	J	K	L
1			用条件区域					用数组常量				
2	姓名	总成绩	vLookup	hLookup	Lookup 纵向	Lookup 横向	Lookup 向量	vLookup	hLookup	Lookup 纵向	Lookup 横向	Lookup 向量
3	张三	78										
4	李四	89										

图 14-8　用各种方法填写成绩档次

6. 如图 14-9 所示,有两列型号和名称,一一对应,请用 Match 和 Index 两个函数来实现:在 B 列根据 A 列的型号查出名称,然后再根据查出的名称,反查型号到 C 列。

7. 在函数中,直接使用常量数组进行查找。已知:鞋子、帽子、袜子的价格分别是 30、20、10 元,分别用 VLookup 与 HLookup 进行查找,在 C、D 列中填写单价。

	A	B	C
1	型号	名称	
2	001	CC	
3	002	AA	
4	003	DD	
5	004	EE	
6	005	FF	
7	006	XX	
8	007	ZZ	
9	008	YY	
10	009	QQ	
11			
12	型号	名称	反查型号
13	003		
14	001		

图 14-9　用 Match 和 Index 查找

14.2.3　实验分析

1.属于一般查询类题目,使用 VLookup 函数。根据类别查单价为精确查找,参数 4 为 0;根据数量查折扣率为近似查找,省略参数 4。

注意:参数 2 为数组,都不包含首行的字段名,如类别、单价、数量等;数组要用 F4 转换为绝对引用,以便双击填充柄向下填充。下同。

2.要返回列类别,位于查找列货物编号的左侧,故属于 VLookup 反向查找问题。反向查找要用 IF 函数动态数组的方法。

3.本题查询的字段为两列:货物编号和客户,属于多列查询,使用 VLookup 函数时,查询内容需要两列相连,数组需要两列动态相连,与反向查询一样,需要用 IF 函数动态组合。与单列反向查询不同,由于公式中含有数组计算(& 相连运算),最后还需要用 Ctrl+Shift+Enter 结束。其中 IF 函数的参数,如图 14-10 所示。

图 14-10　多条件查询的查找数组要用 IF 函数动态生成

4.本题中对应的停车价目表中,对应的两个字段内容,横向布局,因此使用水平查询 HLookup 函数,且查询字段位于第 1 行,返回字段在第 2 行,因此属于标准查询问题。

5.成绩分档,需要用近似查找,近似查找的成绩一定要从小到大排序,5 档的最低成绩为对应查找数据,从小到大就是 0、60、70、80、90。假设横向查找的数组在 A28:E29,纵向数组在 G25:H29。查找区域设置如图 14-11 所示。

24								
25	使用不同方法,对上述成绩分档次:						0	不及格
26	优、良、中、及格、不及格						60	及格
27							70	中
28	0	60	70	80	90		80	良
29	不及格	及格	中	良	优		90	优
30								

图 14-11　成绩分档的查找区域设置

(1)VLookup 函数,参数 3 为返回列序号,设为 2;如近似查找,参数 4 省略即可。另外,为了下面单元格可用填充柄拖动填充,参数 2 的数组按 F4 转变为绝对引用。

(2)HLookup 与 VLookup 类似,只需用横向的数组即可。

(3)Lookup 可自动使用横向和纵向数组,因此前两个参数直接与 VLookup 和 HLookup 一致即可,而参数 3 可省略,就代表返回最后一行(或列)。

(4)Lookup 向量方式就是把上述函数的参数 2 数组,拆成两个一维数组,纵向、横向均可。

(5)查找的数组,由于数据量比较少,可以直接用数组常量,即直接把数据写在{}中,上述函数中,其他参数的设置都不变,只要将参数 2 改成常量即可。数组常量可以直接输入(先行后列,行之间以逗号分隔、列之间以分号分隔),也可以在编辑栏中,选中区域数据,然后按 F9 键将其转换成数组常数,如图 14-12 所示。按一次 F9 键只能转换一个参数,多个参数可多次转换,选择时不要多选前后的逗号。

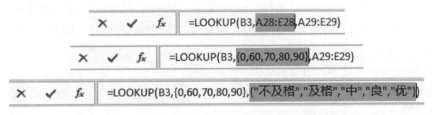

图 14-12 选中区域后按 F9 把数据转换为数组常量

6.函数嵌套,先计算的放内层、后计算的放外层,Index 与 Match 配合,是先用 Match 找到序号,再用 Index 返回内容,因此 Index 在外层。整个 Match 函数作为 Index 的参数 2。

(1)Match 函数的参数 2 就是查找的数组,只要一维数组即可,参数 3 要设置为 0,表示精确查找。

(2)Index 的参数 1 也用一维数组。

(3)注意:Match 与 Index 函数的两个数组,一定要从同一行开始,这样对应才正确,若一个选中标题、一个没选中,结果就会错位。

(4)由于 Index 和 Match 函数都只用一维数组,因此不存在正向或反向查找的问题,均可直接查找,根据 B 列查找,因其原理相同,结果应该和 A 列相同。

7.直接用常量数组进行查找

(1)参数 2 是数组,外面要加{};字符型内容要加引号;

(2)VLookup 是纵向查找,常量数组一样要用纵向数据,3 行 2 列,HLookup 是横向查找,常量数组一样要用横向数据,2 行 3 列。如图 14-13 所示。

图 14-13 VLookup 与 HLookup 中使用常量数组

(3)参数用了常量数组,也就不必考虑绝对引用的问题了,常量数组相当于绝对引用,向下拖动填充柄是不会变化的。

14.2.4 实验步骤

注:所有单元格,只需填写最上面一个,数组用 F4 键将其转换成绝对引用,其下的公式只需双击填充柄填充即可。下面以一个单元格的公式输入为列加以说明。

1. VLookup 的一般查找方法。直接在编辑栏中输入公式,数组用 F4 键将其转换为绝对引用。查询单价为精确查找,因此 D10 的公式为:$=$VLookup($\$A\$10,\$A\$3:\$B\$5,2,0$)。查询折扣率,是近似查找,参数 4 省略,E10 的公式为:$=$VLookup($B10,\$F\$2:\$G\$5,2$)。

2. VLookup 的反向查找,参数 2 使用 IF 函数动态生成数组,用 F4 键将其转换为绝对引用,C10 的公式为:$=$VLookup($A10,IF(\{1,0\},\$B\$3:\$B\$5,\$A\$3:\$A\$5),2,0$)。

3. 多条件相连查询,与反向查询类似:用 IF 函数动态生成数组。不同点:查找值和查找列,均为两数相连。C12 的公式为:$=$VLookup($A12\&B12,IF(\{1,0\},\$A\$3:\$A\$9\&\$B\$3:\$B\$9,\$D\$3:\$D\$9),2,0$)。最后要用数组方式 Ctrl+Shift+Enter 结束,然后再用填充柄填充。

4. 普通的水平精确查找,C9 的公式为:$=$HLookup($B9,\$A\$2:\$C\$3,2,0$)

5. 成绩分档:VLookup 函数,C3 的公式为:$=$VLookup($B3,\$G\$25:\$H\$29,2$)。

(1)HLookup 函数,D3 的公式为:$=$HLookup($B3,\$A\$28:\$E\$29,2$)。

(2)Lookup 函数,E3 的公式为:$=$Lookup($B3,\$G\$25:\$H\$29$),F3 的公式为:$=$Lookup($B3,\$A\$28:\$E\$29$)。

(3)Lookup 向量方式,G3 的公式为:$=$Lookup($B3,\$G\$25:\$G\$29,\$H\$25:\$H\$29$),或:$=$Lookup($B3,\$A\$28:\$E\$28,\$A\$29:\$E\$29$)

(4)数组常量方式,可以直接输入数组内容,或者先选中单元格区域,然后用 F9 键将其转换。使用各函数与数组常量,对 B3 成绩进行查找转换的公式如下:

- VLookup 查找:VLookup(B3,{0,"不及格";60,"及格";70,"中";80,"良";90,"优"},2)
- HLookup 查找:HLookup(B3,{0,60,70,80,90;"不及格","及格","中","良","优"},2)
- Lookup 纵向查找:Lookup(B3,{0,"不及格";60,"及格";70,"中";80,"良";90,"优"})
- Lookup 横向查找:Lookup(B3,{0,60,70,80,90;"不及格","及格","中","良","优"})
- Lookup 向量查找:Lookup(B3,{0,60,70,80,90},{"不及格","及格","中","良","优"})

或把逗号改为分号:Lookup(B3,{0;60;70;80;90},{"不及格";"及格";"中";"良";"优"})

6. 用 Index 与 Match 配合进行查找。

(1)B13 的公式为:$=$Index($\$B\$2:\$B\$10,Match(A13,\$A\$2:\$A\$10,0)$)

(2)C13 的公式为:$=$Index($\$A\$2:\$A\$10,Match(B13,\$B\$2:\$B\$10,0)$)

7. 直接用常量数组进行查找。

(1)C2 的公式为:$=$VLookup($A2,\{"帽子",20;"鞋子",30;"袜子",10\},2,0$)

(2)D2 的公式为:$=$HLookup($A2,\{"帽子","鞋子","袜子";20,30,10\},2,0$)

第 15 章

数据库函数

15.1 知识要点

15.1.1 数据库函数的特点

1. 所有数据库函数都以字母 D 开头(但 D 开头的不一定是数据库函数);

2. 所有数据库函数,参数及含义完全一样,共 3 个参数,且都不可省略;

3. 函数格式及含义:DXXX(database,field,criteria)。

15.1.2 数据库函数参数说明

● 参数 1,database:是数据清单(或叫数据库),即统计的整体数据范围,为选中的数据区域,第一行一定是字段名,各列要包含统计的字段及条件中用到的所有字段。参数 1 完全等同于高级筛选的数据区域。

● 参数 2,field:为统计的字段,总体上它可以用两种方式表示:数值型代表数据清单中的字段序号(即最左边列为 1,以此类推),字符型代表字段名(即第一行的单元格内容)。若 Excel 第 1 行为字段名行,B1 是"年龄",选中数据列表从 B1 开始(A 列没选中),如果要统计平均年龄,则参数 2 可以有 2 种用法:①直接写"年龄"或单元格 B1(这种最简单),②填写数字 1(代表第 1 列,即选中数据列表的最左列)。

● 参数 3,criteria:为条件区域,也等同于高级筛选的条件区域,即字段名为第一行,条件中同行为 And 关系,不同行为 Or 关系。

● 条件区域的字段名,应该和统计区域的字段名完全一致,多一个空格或少一个空格都会被认为是不同的字段。而且当字段名不同时,Excel 不会提示错误,只会造成统计结果错误,一般会认为无满足条件的记录。因此最好从统计区域中复制粘贴字段名到条件区域,以免不一致。字段名只要求文字内容一致,格式并不影响统计。和高级筛选一样,条件区域只能用区域,不能用常量数组。

15.1.3 主要的数据库函数

1. DCount 数值型数量、DCountA 非空数量

使用这两个函数都可以计算满足条件的记录数,但两者有区别。若使用 DCount,则其参数 2 可以任意选择一个数值型字段,若用非数值型字段,会返回 0;若同时有数值和

非数值的内容,则结果有可能不正确。而若使用 DCountA,则参数 2 可选择任意非空字段,即有内容的字段即可。

2. DSum 求和、DAverage 平均、DProduct 乘积、DMax 最大值、DMin 最小值

这些函数都是对数值型字段进行统计,参数 2 都要求是数值型的,如果参数 2 为非数值型,则返回的结果为 0。

3. DGet 查找唯一记录的数值

DGet 函数为查找某条件,并返回满足条件的字段值。使用该函数必须注意,满足条件的记录数,只能是唯一的。如果没有满足条件的记录,则会产生"♯VALUE!"错误;如果满足条件的记录数大于 1,则产生"♯NUM!"错误。此函数要求条件太高,使用不方便。

15.1.4 数据库函数与普通函数的区别

数据库函数 DCount、DSum 和普通函数 CountIf、SumIf、CountIfs、SumIfs 比较,数据库函数的条件可以很灵活、很复杂,功能强大,条件可"与"(And)可"或"(Or),但由于要单独建立条件区域,使用也比较麻烦;普通函数只能使用简单的条件,但使用却较简单,只用将条件直接写在参数中即可。CountIfs、SumIfs 函数允许多条件,但条件间只能是"与"(And)的关系。

15.2 实 验

15.2.1 实验目的

1. 了解数据库函数的特点;
2. 掌握数据库函数的参数及用法;
3. 了解数据库函数的注意事项;
4. 掌握几种常用的数据库函数的具体使用。

15.2.2 实验内容

1. 根据"年龄=今天的年份-出生日期年份"的公式,填写年龄。
2. 在 H2 和 H3 单元格统计女工程师的平均年龄和最大年龄。
3. 在 H4 单元格统计年龄 30～40(包括 30 和 40)岁之间的男工程师数量
4. 在 H5 单元格查询那位 50 岁以上姓李的女性的姓名。

15.2.3 实验分析

总体说明:条件区域可以在任何单元格区域建立,只要字段名和数据区字段名一致,条件数据正确、正确引用单元格区域即可。注意下面函数参数中的 X 代表条件区域。以各自位置确定。数据区域也要以字段名为首行,本实验都是同一数据,则用同一区域,即

A2:E32,具体操作为:先选中 A2,再按 Ctrl+Shift+向右,再 Ctrl+Shift+向下,选中即可。

图 15-1 数据区域要以字段名为首行

1. 年龄计算:D3 的公式为"=Year(Today())−Year(C3)"。若显示的不是数值而是日期,改变格式即可。

2. "女工程师"是指性别为"女",职称为"工程师",两者属于同时要满足的关系,条件要写在同一行。函数分别为:=DAverage(A2:E32,"年龄",X)和=DMax(A2:E32,"年龄",X)

3. 条件为:年龄:>=30,年龄:<=40,性别:男,职称:工程师。注意:年龄是区间,条件不能直接表示,但可用两个同为"年龄"的字段,分开写成两个条件。若用 DCount,则统计字段可用任何数值字段,如年龄;若用 DCountA,则字段可用任何非空字段。公式:=DCount(A2:E32,"年龄",X),或=DCount(A2:E32,D2,X)。

4. 姓李用"李 *"表示,50 岁以上:年龄>50。公式:=DGet(A2:E32,"姓名",X)。

15.2.4 实验步骤

1. 在 D3 中输入公式"=Year(Today())−Year(C3)",然后双击填充柄填充。

2. 在 H2 和 H3 中分别输入公式"=DAverage(A2:E32,"年龄",X)"和"=DMax(A2:E32,"年龄",X)"。

3. 在 H4 中输入公式"=DCount(A2:E32,"年龄",X)"或"=DCount(A2:E32,D2,X)"。

4. 在 H5 中输入公式"=DGet(A2:E32,"姓名",X)"。

注意:(2)、(3)、(4)题中参数 3 的 X 分别为图 15-2 中 3 个区域的引用,应根据具体单元格位置选择引用。参数 2 中的字符,可以用相同内容的单元格名称代替。

性别	职称	年龄	年龄	性别	职称	姓名	年龄
女	工程师	>=30	<=40	男	工程师	李*	>50

图 15-2 各题的条件区域设置

第 16 章

排序与筛选

16.1 知识要点

16.1.1 排序

数据排序是按照一定的规则对数据进行排序,一般包括对选中的行、列内的数值按照数值大小、字母、笔画及系统自定义序列和用户自定义序列进行升序、降序的排列,也包括对选中数据区域内的单元格颜色、字体颜色、单元格图标进行相应设置的排序,如图 16-1 所示。

图 16-1 根据单元格颜色等属性排序

1.常用数据的排序规则

(1)字符型排序:总体按数字、符号、字母、汉字的顺序进行排序。其中,数字按照值的大小进行排序。字母按 a 到 z 的顺序递增,默认不区分大小写。符号的排序大部分以 ASCII 码为序。

(2)中文排序:中文有按笔画、字母(拼音)两种排序方式。相关操作见:"数据-排序-选项-方法",如图 16-2 所示。

(3)逻辑型:FALSE 小于 TRUE。

(4)所有的错误值,即以"#"开始的系统错误符,如"#DIV/0!""#NAME?"等,在排序时相等。

(5)空白单元格不管升序或降序,排序时都位于最后。

(6)日期、时间类型的排序等同于数值排序,日期、时间值早的小于晚的。

图 16-2　中文排序设置

2.自定义排序

多种情况下,需要自定义排序才能实现:按序列、多列排序、按颜色排序等。需点击"开始-编辑-排序和筛选-自定义排序"或"数据-排序和筛选-排序",在对话框中继续操作。

(1)当排序的标准为:"星期一、星期二、星期三⋯""甲、乙、丙、丁⋯"等人为设定的顺序时,需采用自定义排序。选择"次序-自定义序列",默认自定义序列中已包含常用的序列,用户也可以以自己输入的序列作为排序的标准,如建立自定义排序标准为"第一季、第二季、第三季、第四季"。如图 16-3 所示。

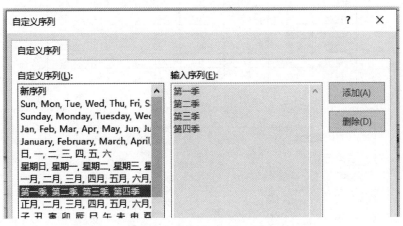

图 16-3　设置用户自定义的序列

(2)多列排序:当需要以 2 列或更多列进行排序时,在排序对话框中,需要点击"添加条件",添加一列参与排序。

注意:多列排序,是指在第 1 关键字相等的情况下,再按第 2 关键字排序;第 1 关键字不同,则不考虑第 2 关键字的大小,即并不是对多个关键字均进行排序。

(3)按笔画排序:系统默认按拼音(字母)排序,若需按笔画排序,需点击"选项-方法-笔画顺序"进行设置。

3.补充说明

(1)排序是对数据清单整体的数据整理

(2)在单元格数据输入时避免空格开头和结尾,否则该空格将作为单元格数据参与排序,造成排序出错。

(3)同一列中的数据应为同样的数据类型。当输入值为数字时应特别注意单元格为"文本类型"还是"数值类型"。

(4)英文的排序默认不区分大小写。

16.1.2 筛选

使用筛选功能可以帮助我们在大量的数据中按照我们设置的条件快速筛选出需要的数据。筛选功能分为自动筛选(普通筛选)和高级筛选。

1.自动筛选

自动筛选完成的是多条件同时成立的筛选,即多条件"与"关系时的筛选,如在图 16-4 所示数据中选出数学成绩>80,且英语成绩>85 的男生的数据,操作如图 16-5、图 16-6 所示,单击"数据-筛选",在字段名下拉菜单中设置,或进一步选择"数字筛选"进行设置。

姓名	性 别	语文	数学	英语	总分	平均
吕秀杰	男	71	76	80	227	75.67
陈华	男	80	75	84	239	79.67
姚小玮	男	80	73	78	231	77.00
刘晓瑞	女	82	82	94	258	86.00
肖凌云	男	80	76	78	234	78.00
徐小君	女	87	82	94	263	87.67
程俊	男	67	90	60	217	72.33
黄威	男	83	87	81	251	83.67
钟华	女	84	67	71	222	74.00

图 16-4　成绩数据

图 16-5　自动筛选设置条件 1、2

图 16-6　自动筛选设置条件 3

2.高级筛选

(1)高级筛选需要一个条件区域。这里的条件区域,和数据库函数的条件区域完全相同。高级筛选可以实现多条件"与",也可以实现含有"或"关系的筛选。条件区域需要事先输入,在单元格中备用。

(2)高级筛选可以直接在原位置筛选,也可把筛选的结果输出到当前工作表的其他位置。

(3)待筛选的原始数据不能有空行、空列、空格,且同列数据的类型要一致。

(4)条件区域的字段名称必须和原数据字段名、筛选值完全一致。建议采用复制粘贴的方法构造条件区域的字段名、筛选值。

筛选区域的规则为:横向"与"关系,纵向"或"关系。如选出"数学成绩>80,且英语成绩>85 的男生"的数据,其条件区域如图 16-7 所示。

性　别	数学	英语
男	>80	>85

图 16-7　"与"条件区域

选出"数学成绩>80 的男生,或者英语成绩>=85 的男生"的数据的条件区域,如图 16-8 所示。

性　别	数学	英语
男	>80	
男		>=85

图 16-8　"或"条件区域

选出"男生的英语成绩在 75—85 之间(不含 85),或数学成绩>=90"的同学,如图 16-9 所示。

性　别	数学	英语	英语
男		>=75	<85
	>=90		

图 16-9　"与、或"条件区域

16.2　实　验

16.2.1　实验目的

1.掌握数值排序中的自定义、用户自定义排序、中文排序方法等;

2.掌握非数值排序的方法;

3.掌握多关键字排序的方法;

4.掌握自动筛选、高级筛选的方法。

16.2.2　实验内容

1.对工作表"部分城市 7—8 月气温采样"中的数据进行排序整理,要求:南方在前,北方在后;城市名称按拼音升序排序;时间升序排序。

2.在工作表"太原 7—8 月气温"数据中整理出同样采样时间点的气温值,添加到北方数据下方,并对数据按题(1)要求重新排序。

3.在"时间"字段后增加一列字段"月份",使用数组方法填充月份数据。

4.在"最低气温℃"字段后,添加"日平均温度""温差"两列字段,计算并填充数据,其中"日平均温度"保留一位小数。

5.选中工作表"部分城市 7—8 月气温采样"中"地区""城市""日平均温度"三列数据,复制粘贴至空白工作表,命名为"平均温度"。对"日平均温度"字段填充单元格背景色,条件为:温度＞=30,红色;25＜温度＜30,黄色;温度＜=25,绿色。

6.对(5)题的"日平均温度"字段,自上而下,按单元格颜色:红色、黄色、绿色排序。

7.在工作表"部分城市 7—8 月日气温采样"中,筛选出 2018/7/15 之前(不含 7/15),日平均温度大于等于 28℃且温差大于 7℃的数据。或 2018/8/15 之后(不含 8/15),日平均温度大于等于 28℃且温差大于 5℃的数据。

16.2.3　实验分析

1.多列排序:由于按拼音或按笔画的选项是多列中共同的,而已要求城市名称按拼音升序排序,因此南北方,也只能按拼音排序,南方在前,北方在后,要用降序。

2.添加采样数据,可先筛选出需添加的数据,再复制粘贴到后面。筛选出 2 个表中同时具有的时间,直接把一个表当数据列表,另一个表当条件区域进行筛选即可。此处的重点为：两表中的表头文字"时间"，必须完全一样。

3. Month 函数的参数可以用数组。

4. 平均气温用 Average 函数计算，温差直接用气温相减计算。

5. 使用条件格式，根据不同条件设置不同颜色。25＜温度＜30，不能直接使用"介于"的规则，因为"介于"是包含两边的值的(小于等于)，因此这个规则只能使用公式来确定。

6. 自定义排序中，可按颜色排序。

7. 高级筛选的条件区域，日期前一样可以加比较符号。

16.2.4　实验步骤

1. 多列排序操作步骤如下：

(1)点击"数据–排序"，设置主要关键字为"地区"。排序选项默认就是按拼音，不用修改。要使"南方"排在"北方"之前，可使用中文排序中的拼音降序。

(2)设置次要关键字为"城市"字段以默认的拼音升序排列；设置第三层关键字为"时间"字段，以时间升序排列，如图 16-10 所示。

图 16-10　按地区、城市、时间排序

2. 整理数据是各城市在 7—8 月相同采样时间点的气温值。

(1)在"太原 7—8 月气温"工作表中，将光标停在 A1 单元格，点击"数据–高级"，在"高级筛选"窗口中的列表区域，一般能自动选中，若自动选择错误，则需要重新选择设置。选择条件区域时，可切换工作表到"气温采样"中，选择时间单元格 C1，然后按 Ctrl＋Shift＋向下键，选中一列中的所有时间，作为条件区域。如图 16-11 所示，单击"确定"得到如图 16-12 所示的筛选结果。

(2)将以上筛选结果中 1—3 列的数值复制、粘贴至工作表"部分城市 7—8 月日气温采样"尾部区域 C52:E61，注意粘贴时的数据格式。填充第一、第二列数据分别为"北方""太原"。对所有数据重复(1)题中的排序操作。

3. 选择 D 列，右击，在 D 列前插入一列，在 D1 单元格输入"月份"字段名。选中 D2:D61，在编辑栏中输入相应数组公式如图 16-13 所示，按 Ctrl＋Shift＋Enter 组合键，完成数组操作。设置月份数据区域的数据格式为常规类型，或先设置 D 列数据格式，然后使用数组方式运算。

	A	B	C	D	E	F
1	地区	城市	时间	最高气温℃	最低气温℃	
2	北方	兰州	2018/7/13			
3	南方	上海	2018/7/23			
4	北方	兰州	2018/7/23			
5	北方	兰州	2018/7/28			
6	北方	兰州	2018/8/13			
7	南方	上海	2018/8/13			
8	南方	广州	2018/7/9			
9	南方	厦门	2018/8/13			
10	南方	广州	2018/7/13			
11	北方	兰州	2018/8/20			
12	北方	兰州	2018/8/31			
13	南方	上海	2018/7/1			
14	南方	上海	2018/7/9			
15	北方	北京	2018/7/1			
16	南方	上海	2018/7/13			
17	南方	厦门	2018/7/28			
18	南方	上海	2018/7/28			

高级筛选 ? ✕

方式
- ● 在原有区域显示筛选结果(F)
- ○ 将筛选结果复制到其他位置(O)

列表区域(L): $A$1:$F$63 ⬆

条件区域(C): f'!$C$1:$C$51 ⬆

复制到(T): ⬆

☐ 选择不重复的记录(R)

[确定] [取消]

图 16-11　筛选设置

	A	B	C	D	E	F
1	时间	最高气温℃	最低气温℃	天气	风向	风力
2	2018/7/1	31	18	晴转多云	东南风	微风
10	2018/7/9	28	18	小雨转中雨	东风	微风
14	2018/7/13	28	19	雷阵雨转小雨	西北风	微风
24	2018/7/23	31	21	多云	西南风	微风
29	2018/7/28	32	22	小雨转多云	北风	微风
34	2018/8/2	32	21	小雨转晴	东南风	微风
45	2018/8/13	29	20	中雨转小雨	东风	微风
52	2018/8/20	29	17	多云转晴	北风	微风
60	2018/8/28	29	19	雨	东北风	微风
63	2018/8/31	28	19	雨转多云	东风	微风

图 16-12　筛选后的数据

✓ fx	{=MONTH(C2:C61)}		✓ fx	{=MONTH(C2:C61)}
C	D		C	D
时间	月份	最高	时间	月份	最
2018/7/1	1900/1/7		2018/7/1	7
2018/7/9	1900/1/7		2018/7/9	7
2018/7/13	1900/1/7		2018/7/13	7
2018/7/23	1900/1/7		2018/7/23	7
2018/7/28	1900/1/7		2018/7/28	7

图 16-13　采用数据中的月份

注意：所有的排序必须在数组前完成，一旦进行了数组操作，将无法再进行排序操作。

4.在 G1 中输入字段名"日平均温度"，使用公式"＝Average(E2:F2)"计算填充相应数据。H1 中输入字段名"温差"。使用公式"＝E2－F2"计算填充相应数据。

5.选中工作表"部分城市 7—8 月气温采样"中的"地区""城市""日平均温度"三列数据，复制粘贴至空白工作表，命名为"平均温度"。

对"日平均温度"字段填充单元格背景色。选择"日平均温度"数据区 C2:C61。单击"数据—条件格式—管理规则"，如图 16-14 所示，设置"新建规则"，如图 16-15 所示。

图 16-14　制定多条件管理规则

图 16-15　新建规则

（1）添加第一条规则：温度≥=30，单击"格式"按钮，设置填充为红色。如图 16-16 所示。

（2）添加第二条规则：25<温度<30，黄色。设置如图 16-17 所示。

（3）添加第三条规则：温度<=25，绿色，操作同第一条规则的设置。完成后设置如图 16-18 所示，得到按颜色显示的数据。

图 16-16　设置规则 1 的数据条件和格式

图 16-17　设置规则 2 的数据条件

6.在"平均温度"工作表中,全选数据,单击"排序",设置"排序依据"为"单元格颜色"。自上而下,设置为红色、黄色、绿色,如图 16-19 所示。

7.由于筛选条件中有"或"条件,因此使用高级筛选。按题意,在工作表"部分城市7—8 月日气温采样"空白处,设置筛选条件区域如图 16-20 所示。

单击"数据-排序和筛选-高级",设置数据区域、筛选条件区域,如图 16-21 所示,单击"确定"得到如图 16-22 所示的筛选结果。

图 16-18　多条件设置结果

图 16-19　设置按单元格颜色排序

图 16-21　筛选设置

J	K	L
时间	日平均温度	温差
<2018/7/15	>=28	>7
>2018-8-15	>=28	>5

图 16-20　条件区域

地区	城市	时间	月份	最高气温℃	最低气温℃	日平均温度	温差
南方	广州	2018/7/1	7	33	25	29	8
南方	广州	2018/8/20	8	33	27	30	6
南方	广州	2018/8/28	8	34	27	30.5	7
南方	广州	2018/8/31	8	33	26	29.5	7
南方	厦门	2018/8/20	8	33	26	29.5	7
南方	上海	2018/8/20	8	34	27	30.5	7
北方	北京	2018/7/1	7	35	23	29	12
北方	北京	2018/7/13	7	33	24	28.5	9
北方	北京	2018/8/20	8	34	25	29.5	9

图 16-22　筛选结果

第 17 章

数据透视表和透视图

17.1 知识要点

17.1.1 数据透视表和数据透视图的概念

利用数据透视表和数据透视图,可对数据进行统计。与分类汇总不同,数据透视表和数据透视图不需要事先对数据进行任何排序,功能也比分类汇总强,可以完全替代分类汇总功能。

17.1.2 插入数据透视表的方法与步骤

1.数据透视表,可通过"插入-表格-数据透视表"实现。

2.数据透视表需要指定一个数据区域,该区域一定要从表格的标题(字段名)一行开始向下选择,既不能漏选该标题行,也不应该额外选择上面多余的行(与高级筛选相同,可参阅相关内容)。一般插入透视表以前,把光标停在表格内任何位置,单击"插入-数据透视表"后,系统会自动选择,在确定前要观察系统的选择是否正确,若不正确,则需要重新选择,如图 17-1 所示。

图 17-1 选择的区域应该从字段名一行开始

　　3.透视表的位置,如果选择"现有工作表",则只需要选择将要生成透视表的左上角要放置的单元格即可,不需要设置整个表的位置。

　　4.在"创建数据透视表"的对话框中按"确定"后,对话框消失,会在屏幕右侧显示字段名列表和 4 个区域。下面需要做的工作就是统计的字段设置,在"数据透视表字段列表"中,将所需字段拖放到下面对应的"报表筛选""列标签""行标签"和"数据"区域中。几点说明如下:

　　(1)若字段名列表整个窗口被关闭,可单击"数据透视表工具-选项-显示-字段列表"重新打开,这是一个开关按钮,可直接切换。

　　(2)字段拖放错误时,可重新在四个区域中重新拖放来更正,甚至也可以通过拖回到上面的字段列表来删除多余的字段。

　　(3)需要时,同一字段还可拖放到不同的多个区域进行统计。

　　(4)数据区域中,会对该字段进行相应的统计,默认情况下,如果是字符型字段,则为"计数项",数值型字段则为"求和项"。如果默认统计方法不是想要的方法,则需要修改统计方法:直接点击该项,在弹出的菜单中选择"值字段设置",在"值汇总方式"中修改计算类型即可。计算类型有:计数、求和、平均、最大值、最小值、标准偏差、方差等。如图17-2所示。

图 17-2　重新设置数值的汇总方式

　　(5)报表筛选区域:若有字段拖放至此,则数据透视表的最上面,会有字段列表可切换,用于筛选此字段中不同的内容。

　　(6)计算项。除了能直接使用数据区域中的字段外,数据透视图中还可通过计算生成不存在的字段。方法是点击"数据透视表分析-计算-字段、项目和集-计算项",在对话框中分别输入"名称"和"公式",即可添加一个"计算字段"。公式以"="开始,后面可以选"项",再"插入项",最后按"添加"。另外,也可从名称中下拉选择一个已经定义的字段名称,进行修改。

17.1.3 插入数据透视图的方法与步骤

1.可通过"插入-图表-数据透视图"插入数据透视图;也可先创建一个透视表,再通过"数据透视表工具-选项-工具-数据透视图"添加一个对应的透视图。

2.数据透视表只会生成一个表。数据透视图除了一个透视图以外,还会生成一个透视表。

3.透视图中的两个区域"图例字段"和"轴字段"会代替透视表中的"列标签"和"行标签"。用鼠标选中透视表后,会对应显示透视表的区域,选中透视图,则相应显示透视图的区域。如图 17-3 所示。

图 17-3　数据透视表和数据透视图不同的区域项

17.1.4 切片器

单击"数据透视表工具-选项-排序和筛选-插入切片器",或单击"数据透视图工具-分析-数据-插入切片器"打开数据透视表(或透视图)的筛选器。插入切片器后,可选择一个或多个字段的切片器,每个字段的切片器会先显示所有数据,以供选择,我们可以根据需要显示部分或所有数据。切片器可方便地进行动态显示不同筛选条件下数据透视表的内容。鼠标选择的方法和文件选择类似,点击为单选,组合 Shift 为

图 17-4　报表筛选和切片器

连续多选,Ctrl＋单击切换选择,并在 Ctrl 或 Shift 放开时,更新透视表数据。切片器在改变选择的时候,会同时反映到数据透视表的显示上,这点比用报表筛选区域更方便,如图 17-4 所示。

17.2　实　验

17.2.1　实验目的

1.掌握数据透视表和数据透视图的基本概念；

2.掌握数据透视表和数据透视图的使用方法；

3.了解切片器的使用。

17.2.2　实验内容

1.根据给定的学生成绩登记表,在 Sheet3 中插入一个数据透视图,统计男女语文、数学的平均成绩,以及英语的最高成绩:

(1)轴字段:性别。

(2)平均值项:语文。

(3)平均值项:数学。

(4)最大值项:英语。

2.根据给定的职工信息表,在 Sheet4 中插入 1 个数据透视图,统计男女各职称的人数:

(1)其中年龄按今年年份减去出生日期年份方法计算。

(2)轴字段:职称。

(3)图例字段:性别。

(4)计数项:职称。

(5)交换性别和职称位置,观察透视表和透视图的变化。

(6)把性别和职称拖放到相同的轴字段和图例字段,观察透视表和透视图的变化。

3.根据同一个职工信息表,在当前工作表数据后面,插入 1 个数据透视表,统计男女各职称平均年龄:

(1)行标签:职称。

(2)列标签:性别。

(3)平均值项:年龄。

(4)数据透视表中数值保留 1 位小数。

(5)插入一个对职称字段的切片器,观察使用效果。

17.2.3　实验分析

1.插入学生成绩登记表数据透视图:数据区可以有多个字段,而且每个字段的统计类型可以不同。

2.先把年龄字段计算出来,计算出来的数据一样可以用于统计。可以把两个或多个字段放置在同一个区域中。

3.在当前工作表中生成数据统计表,在选择位置时,只需点击左上角单元格位置即可。插入切片器后,可选择一个或多个字段的切片器。

17.2.4　实验步骤

1.学生成绩登记表数据透视图步骤如下:

(1)把光标停留在数据区中。

(2)点击"插入-数据透视表",从列表中选择"数据透视图"。

(3)然后在对话框中观察自动选中数据区域是否正确(字段名为第一行),若不正确则重新选择。

(4)数据透视图的位置,保留默认的"新工作表",点"确定"关闭对话框。

(5)把字段列表中的性别拖放到下面的轴字段中。

(6)把字段列表中的语文、数学、英语拖放到下面的数值区域中。默认都是求和项,分别单击语文和数学,在菜单中选择"值字段设置",把计算类型改变为"平均值"。同样,把英语改为"最大值"。最终效果如图 17-5 所示。

图 17-5　数据透视图的效果

2.插入职工信息表数据透视图步骤如下:

(1)先把年龄字段计算出来,F3 的公式为: $=Year(Today())-Year(D3)$,然后拖动填充柄填充。

(2)与上题步骤相同,插入数据透视图。

(3)把"职称"拖放到轴字段中,把"性别"拖放到图例字段中。

(4)把"职称"拖放到数据区域中,观察表格数据与图形效果。

(5)拖放交换"职称"和"性别"位置,重新观察表格数据与图形效果。

(6)把"性别"和"职称"拖放到相同的位置,重新观察表格数据与图形效果。最终效果如图 17-6 所示。

图 17-6　职工信息表数据透视图效果

3.插入职工信息表数据透视表步骤如下：

(1)直接单击"插入-数据透视表"，选择透视表位置为"现有工作表"，光标停在"位置"处时，选择工作表后面空余的单元格，单击"确定"。

(2)拖放"职称"字段到行标签，拖放"性别"字段到列标签。

(3)拖放"年龄"字段到数据区域，修改计算类型为"平均值"。

(4)选中表中数据，按普通的方法，多次点击"开始-数字-减少小数位数"，保留小数1位。

(5)选中数据透视表，点击"选项-排序和筛选-插入切片器"，选中职称字段，在"职称"列表中，开始是全选中状态，按 Shift 或 Ctrl 鼠标组合可多选，当用 Shift 或 Ctrl 选择并放开时，即可看到透视表数据的变化。如图 17-7 所示。

图 17-7　数据透视表及切片器的效果

第 18 章

Excel 其他内容

18.1 知识要点

18.1.1 字符类函数

1. Replace 函数

（1）函数格式：Replace(old_text，start_num，num_chars，new_text)

（2）函数总共 4 个参数，功能是把"参数 1"从"参数 2"开始的"参数 3"个数的字符，替换成"参数 4"。参数 1 是要处理的字符串，参数 2 是开始位置（最左边从 1 开始），参数 3 是替换掉的字符数量，参数 4 是新替换上的字符。

（3）除了普通的替换功能，它还有两个变种的功能：增加字符和删除字符。参数 3 替换的个数为 0，为增加字符；参数 4 为空，则为纯删除字符。

（4）参数 4 为字符型，如果给的参数是数值型，会自动转换为字符型。但当需要替换成"00"时，若参数 4 写成没引号的 00，则值为数值型 0，自动转换成字符型的单个字符 "0"。因此注意 00 必须加引号。

2. Substitute 函数

（1）Substitute 函数是替换函数，它与 Replace 函数不同，Replace 函数是按位置和长度替换，而 Substitute 是按内容替换，可把某一内容完全替换成新的内容。格式是：Substitute(text，old_text，new_text，[instance_num])。

（2）参数 1 为总文本，参数 2 是要替换的原文本，参数 3 是替换的新文本，参数 4 是第几次出现的（默认为全部替换，有参数 4 则只换一个）。即：把 text 中第 instance_num 次出现的 old_text 换成 new_text。

3. Mid、Left、Right 函数

（1）这 3 个函数都是在给定的字符中，取得部分字符，分别是从中间取、左边取、右边取。格式分别如下：

- Mid(text，start_num，num_chars)
- Left(text，num_chars)
- Right(text，num_chars)

（2）函数中的参数 1(text)都是原字符串，最后一个参数(num-chars)都是字符个数，Mid 的参数 2(start-num)是起始位置。若字符个数的参数超过最多字符，那么就是取所

有字符,即取多了不会出错。如:Mid("计算机 ABC",2,100)的结果是"算 ABC"。

(3)Right 从右边取指定个数字符,结果的顺序不变,如Right("计算机 ABC",4)的结果是"机 ABC"。

4.Len 函数

(1)Len(text)函数返回 text 的字符长度,它是一个非常简单且很常用的函数。

(2)不管汉字还是英文字母或数字,字符的长度,每个都按 1 算。Excel 的其他函数也一样,所有的字符位置、个数等参数,都不区分汉字或字母。

5.去空格和大小写转换函数

(1)Trim:用于删除文本中多余的空格,但单词(包括汉字)间保留一个空格。

(2)Clean:用于删除文本中不能打印的字符(ASCII 码为 0~31)。

(3)Upper:用于转换为全大写;Lower:用于转换为全小写;Proper:用于转换为英文首字母大写。大小写转换对汉字、数字和符号无关。

(4)去空格和大小写转换函数都只有一个字符型参数。

18.1.2　分支选择函数

1.If 函数

(1)If 为二选一分支函数,格式为:If(logical_test,value_if_true, value_if_false)

(2)参数 1 为逻辑型,为真时结果返回参数 2,为假时返回参数 3。

(3)If 用于多分支时,需要嵌套使用,N 个分支就需要 $N-1$ 个 If 函数嵌套,因此它一般用于嵌套分支不是很多的情况。

(4)参数 2、参数 3 的类型不限制,只是直接返回而已。

2.Ifs 函数

(1)2019 版新增了 IfS 函数,该函数可以解决多分支情况。

(2)格式为:Ifs(logical_test1,value_if_true1,logical_test2,value_if_true2···)。

(3)参数个数为偶数,每 2 个配对,前者为条件、后者为返回值,前者为 TRUE 时,返回后者。参数数量为奇数,函数错误,若所有条件都为假,则返回"♯N/A"。

3.Choose 函数

(1)Choose 是一个多选一函数,当分支比较多时,可以用 Choose 函数,格式为:Choose(index_num, value1, [value2], . . .)

(2)参数 1 是数值表达式,1~255 范围,当它的值为 1 时,就返回 Value1,即参数 2,当值为 2 时就返回 Value2,即参数 3,以此类推。当值小于 1 或大于 255 时则提示错误。Value1 及后续参数的值为小数时,将自动取整。

(3)只有检测值是数值型,而且有规律时才适合用 Choose 函数来实现。

18.1.3　统计函数

1.无条件统计函数:Count、CountA、CountBlank、Sum、Average、Min、Max

无条件统计,不管多少个参数,都统一参加统计。其中 CountA 为非空数量,Count-

Blank 为空数量，其他则不再赘述。

2. 单条件统计函数：CountIf、SumIf、AverageIf

（1）这些 If 结尾的函数，前 2 个参数都是成对的"范围、条件"，第 1 个参数是单元格范围（range），第 2 个参数是条件（criteria）。这里的条件和 If 函数的条件不同，不是逻辑型的值，而是和数据库函数以及高级筛选中的条件区域中的条件一样，是一个"单边"的比较，如">40"。当比较运算符是等号时，省略等号直接写值即可。这几个函数只能统计单一的条件，不能直接统计两者之间的数据，如"大于等于 20 且小于 40 的数量"，可以用两个 CountIf 函数相减来统计。

（2）CountIf 只有 2 个参数。

（3）SumIf、AverageIf 还有第 3 个参数，是统计的范围，要和参数 1 的范围对应，数量一样。参数 3 可省略，其等同于参数 1。

3. 多条件统计函数：CountIfs、SumIfs、AverageIfs、MinIfs、MaxIfs 函数

（1）这几个统计函数，比上面的多了个"s"，可有多对"范围、条件"。

（2）与没"s"的函数不同，统计的范围是参数 1，多对"范围、条件"在后。

（3）这些函数可以直接统计两者之间的数据，多个条件间是"与"（And）的关系。如要同时满足"大于等于 20 且小于 40 的数量"用两个">＝20"和"<40"条件即可。介于两者之间的范围是相同的，范围参数可直接复制粘贴。

（4）多条件间是或（Or）的关系，是不能用这些函数统计，只能用数据库函数来实现。

18.1.4 数学类函数

1. 舍入函数

（1）舍是指向下近似取值到最近的整数（或某数的倍数、小数几位等），入是指向上近似取值到最近的整数。舍入分五种：①四舍五入，②算术舍，③算术入，④绝对值舍，⑤绝对值入。如果本身已经是整数，不管哪种舍入方法，都不变。

（2）Round 为四舍五入到几位小数，MRound 为舍入到某数的整数倍。MRound 不但可以舍入到整数的倍数、也可以舍入到小数的整数倍，甚至可以处理时间，将其舍入到时间的整数倍。例：把 A1 单元格时间舍入到 15 分钟的整数倍的函数表示为：＝MRound(A1,"0:15:00")。函数中的时间是字符型，函数参数会自动转换为相同的时间型进行运算，结果若为数值，重新设置为时间格式即可。

（3）Int 是算术舍到整数，Floor 是算术舍到某数倍数，Ceiling 是入到某数倍数，Trunc 是绝对值舍到某数倍数，Even 是算术入到偶数，Odd 是算术入到奇数。其他更多舍入函数请查看附录。

2. 随机函数

（1）Rand()：无参数的 Rand 函数，返回(0,1)之间的一个随机值，不可能到 0 或 1。

（2）RandBetween(N1,N2)：返回(N1,N2)之间的一个随机整数，最小为 N1，最大为 N2。

3. 平方根、绝对值等函数

(1)Sqrt(N)：平方根函数，参数必须为正。

(2)Abs(N)：绝对值函数，结果为正或 0。

18.1.5　财务类函数

1. Pmt 函数

(1)Pmt 是计算等额分期还款的偿还额，格式为：Pmt(rate，nper，pv，[fv]，[type])

(2)参数 1 是利率，参数 2 是期数，参数 3 是投资额（或借款额），参数 4 是剩余金额（默认为 0，是指最后还完还剩余金额），参数 5 是期末还是期初还款（默认或 0 为期末，1 为期初，期初还款是指借款日当场就还第一笔）。

(3)注意事项：参数 1(利率)、参数 2(期数)、返回结果的时间单位要统一。按月必须全按月，按年就全按年，如给定每月利息、总月数，返回每月还款额。

(4)该函数设置默认为货币型格式，负数会显示红色。若参数 3 为正，则结果是负、前面有"￥"符号，不管是黑色字体还是红色字体，都属正常结果。

(5)Excel 中可以用"％"代表百分数，函数参数中也可使用，因此利率可直接写成 5％ 的形式。

2. 其他等额分期还款的函数

Pmt、Rate、Nper、PV、FV 这 5 个参数，是等额分期还款的 5 个参数，已知其中 4 个，都可以计算出另外 1 个参数的值，Excel 有此 5 个函数，函数名就是这 5 个单词，细节不再介绍。

3. SLN 函数

计算固定资产的折旧费，格式为：SLN(cost，salvage，lift)，其 3 个参数分别为原值、残值、期数。

18.1.6　其他函数

1. Is 类函数

(1)Is 类函数不是一个函数，有许多函数都是以 Is 开头的，这部分函数返回逻辑型，参数是否为某特征的意思，是则返回 TRUE，否则返回 FALSE。如 IsBlank(A1)，当 A1 单元格为空，则返回 TRUE，非空则返回 FALSE。

(2)这类函数有：IsBlank(空)、IsErr(错误)、IsText(字符型)、IsNonText(非字符型)、IsNumber(数值型)、IsOdd(奇数)、IsEven(偶数)等。

2. NumberString 函数

NumberString 函数的功能是把数值转换为中文字符。此函数为隐含的函数，无提示、无帮助，但可以正常使用。

函数有 2 个参数，都为数值型，参数 1 为要转换的数值，参数 2 为中文的类型。若参数 1 为 123，参数 2 为 1、2、3，则结果分别为：一百二十三、壹佰贰拾叁、一二三。

3. Indirect 函数

(1)Indirect 函数又称为间接引用函数。格式为：Indirect(ref_text，[a1])。

(2)参数 1 为引用的单元格名称，参数 2 为单元格的引用类型，可省略，默认为 A1 的类型。

(3)该函数是间接引用单元格的内容。若单元格 A1 的值为"ABC"，则 Indirect("A1")结果为 A1 单元格内容，即"ABC"。

(4)若参数 2 为 FALSE，则参数 1 要用 R1C1 格式，即 B3 要写成"R3C2"的格式(即第 3 行第 2 列)。

18.1.7　条件格式

一般的条件格式的设置，步骤是先选中若干单元格，再统一设置条件格式。也可以先设置一个单元格的条件格式，然后再通过格式刷对其他单元格进行"复制"格式来设置。

虽然条件格式有许多种情况可设置，但最常用的还是在某一条件下，设置某格式，即要单击"样式-条件格式-新建规则-只为包含以下内容的单元格设置格式"，后续设置不再细述。

还有一些特殊情况下，条件比较复杂，是组合条件，或者和其他单元格的值有关。这种情况下，要选择"新建规则-使用公式确定要设置格式的单元格"，和数据验证中的公式一样，要注意 3 点内容：一是公式以等号(＝)开始，二是公式结果为真时为满足条件，三是公式中的单元格要注意绝对引用或相对引用。

18.1.8　页面布局

1. 页面标题

若设置了"页面布局-页面设置-打印标题"中的"顶端标题行"，那么在打印输出超出 1 页的工作表数据时，会在后续页的上方增加标题行。同样，表格太宽超过 1 页时，左边也可设置"左端标题行"，这个设置类似于 Word 表格中的"重复标题行"。

2. 页眉页脚

Excel 的页眉、页脚，分左中右 3 种对齐方式，和 Word 的类似，页眉页脚也可设置为"奇偶不同""首页不同"，内容也可插入页码、页数、日期、文件名等可变的内容。

3. 分页符

单击"页面设置-插入分页符"，在选中整行时，会在行前插入水平分页符；若只选中一个单元格，则会在单元格上面、左边各插入一个水平和垂直的分页符。若需删除分页符，需把光标停在下方或右方再删除。

4. 页面缩放

工作表的打印输出，可以进行缩放，可以设置缩放比例，或者设置为几页宽、几页高。但一旦设置了缩放为几页高，则原来插入的分页符将会失效。

18.1.9　表格

Excel 的工作表,通常其单元格的内容、公式都比较自由,可任意插入删除。用"插入-表格-表格"(Ctrl＋T),可把当前区域的数据转换为"表格"形式(也称超级表格)。此表格,类似于数据库,是一个有一定规则的表格。

(1)虽然选项卡中是插入,实际上只是改变表现形式,单元格内容并未改变。

(2)转换为表格前,数据必须符合一定要求,第一行必须是字段名。一般情况下,插入前,光标停在数据内任意位置即可,系统会自动选择数据范围。当自动选择错误时,需要重新选择。

(3)转换成表格后,数据就是一个整体了,系统将自动设置表格样式,以隔行颜色区分。表格数据的增加、删除,只能整行或整列操作,不能删除某单元格,再进行让下方数据上移或右边数据左移的操作了。

(4)单元格公式中,若是引用当前行某单元格数据,单元格名称将用字段名代替,如"[@语文]"的格式。

(5)一列的公式只需要输入一个,系统将全部自动填满,不再需要用填充柄向下填充。

(6)紧挨着表格的右边或下边,增加一个单元格内容,将自动扩充表格大小。

(7)表格上下滚动时,标题行将自动锁定在列名称处,代替字母列名。

(8)用"表格-工具-转换为区域",可重新把表格转换为普通区域数据。转换成区域数据后,颜色不变、单元格公式会转变成单元格引用。

18.2　实　验

18.2.1　实验目的

1.掌握各种函数的使用;

2.掌握举一反三的方法,通过一个函数就能很快掌握相关函数的使用。

18.2.2　实验内容

1.字符增删:在 A 列编号的第 2 位后面添加 00 放 B 列,如原来是 XY123,添加后为XY00123。然后重新把 B 列的 00 去掉,放 C 列。

2.时间四舍五入:使用不同的方法,对时间进行四舍五入,到 15 分钟的整数倍。

3.隔行取数:使用 Indirect 函数,对一列数据进行隔行取数,即只取 B2、B4、B6、B8 等行的值,直接放在 D2、D3、D4、D5 中。

4.文本检测:检测 A2 单元格是否为文本型。

5.字符替换:将 A 列中的字母 A 全部换成小写的 a。

6.分段人数统计:分别统计 Sheet1 下的 0、20、40、60、80、100 之间各分数段的成绩人数。

7. 使用表格方式,对工作表中的成绩进行计算,求成绩总分和排名。

18.2.3 实验分析

1. 字符增删,都用 Replace 函数。

(1)字符添加:参数 2,第 2 位后,就是从第 3 位开始;参数 3,纯插入就是替换字符数为 0 个;参数 4,替换成 2 个 0,一定要加引号(若是 1 个 0,可不加引号)。

(2)字符删除:同样从第 3 字符开始替换,替换的内容是"空",即参数 4 要用""(双引号),不能空着不填。

2. 15 分钟就是一天的 96 分之一,可以用多种方法实现:

(1)放大 96 倍后,舍入至整数,再缩小 96 倍:$=$Round(A2 $*$ 96,0)/96。

(2)直接按 1/96 的整数倍进行舍入:$=$MRound(A2,1/96)。

(3)直接按时间 15 分钟的整数倍进行舍入。时间无法直接表示,可用字符型表示,系统会自动转换:$=$MRound(A2,"00:15:00")。

说明:不管用哪种方法,如果显示的结果是数值,那么只需改变格式为"时间"即可。

3. 隔行取数。间接引用 B 列的数据,列号固定为 B,行号需要找规律,当前行用 Row() 函数;隔行就是与当前行的两倍是线性关系,若从第 2 行开始,则公式为:$=$Indirect("B"&Row() $*$ 2$-$2)。公式没有具体单元格,不存在绝对或相对引用问题。

4. 直接用"$=$IsText(A2)"即可检测,结果是 TRUE 或 FALSE。数字前加单引号,是强制字符型,用 IsText 检测结果是 TRUE。

5. 直接用 $=$Substitute(A2,"A","a") 替换即可,省略参数 4,表示全部的 A 都替换成 a。

6. 统计人数:

(1)统计单元格值在两者之间,不能直接用一个 CountIf 解决,但可以用两个 CountIf 函数相减得到结果,具体公式请自己思考。

(2)CountIfs 可用于多个条件,0≤x<20 的人数可用公式:$=$CountIfs(Sheet1!C2:C41,">$=$0",Sheet1!C2:C41,"<20")。

(3)引用其他工作表的单元格,可在函数对话框中直接切换工作表进行选择,最终表示方式是工作表与单元格之间以感叹号连接。

(4)其余函数只是成绩数据不同,单元格相同,可改成绝对引用后再拖动填充。填充后还必须重新修改数值。

7. 表格数据:

(1)用 Ctrl+T 转换时,自动选择的单元格范围可能不对,需要重新选择,以字段名为首行。

(2)计算总分,使用普通的加法或者 Sum 函数均可,但都只需要填写一个单元格。

18.2.4　实验步骤

1.字符增删:直接在 B2 单元格中输入公式:=Replace(A2,3,0,"00"),在 C2 单元格中分别输入公式:=Replace(B2,3,3,""),其余用填充柄填充。

2.时间四舍五入:直接在单元格 B2、C2、D2 中分别输入如下公式:

(1)=Round(A2 * 96,0)/96

(2)=MRound(A2,1/96)

(3)=MRound(A2,"00:15:00")

3.直接在 D2 中输入公式:=Indirect("B"&Row() * 2-2),其余用填充柄填充,数量只有一半。

4.直接在 B2 中输入公式:=IsText(A2)。

5.直接在 B2 中输入公式:=Substitute(A2,"A","a"),其余用填充柄填充。

6.0≤x<20 范围的人数,可用公式:=CountIfs(Sheet1!C2:C41,">=0",Sheet1!C2:C41,"<20")。由于单元格相同,单元格可改成绝对引用,其余用填充柄填充后,再修改参数 2 和参数 4 的起始成绩值。

PowerPoint 高级应用篇

第 19 章

幻灯片编辑

19.1　知识要点

19.1.1　常规操作

1. 单击"开始-幻灯片-新建幻灯片"（Ctrl＋M），在当前选中的幻灯片后插入一张幻灯片，若需要在最前面插入一张幻灯片，可在普通视图左侧"幻灯片"选项卡的第一张前面的缝隙中单击，把插入点（光标）停在第一张前面，此时插入的幻灯片就是第一张。

2. 幻灯片的常规操作，如选中、复制、移动、删除等，都可以在幻灯片浏览视图下，或在普通视图下左侧的幻灯片窗格下操作，操作方法类似 Word 中的文字操作以及文件夹中的文件选择操作。可用 Ctrl 及 Shift 辅助选中，可用剪切板操作，可用右键快捷菜单操作。

3. 新建幻灯片中的占位符，分为文本占位符和项目占位符。文本占位符只能输入文本，项目占位符可插入表格、图表、SmartArt、图片、剪贴画、影片等对象。除了占位符外，文字也可以通过插入文本框来实现。单击"插入-文本框"后，可通过两种方法插入到幻灯片中：一是直接单击创建，二是拖放创建。单击创建的文本框会自动随内容调整，拖放创建的文本框宽度不会自动变宽。

4. 文字内容也可通过大纲视图（PowerPoint 2010 为左侧大纲窗格）直接输入。输入过程中，可用 Tab 将文本下降一级，用 Shift＋Tab 组合键将文本上升一级；回车可创建同一级别段落（处于内容占位符中），或新建一张幻灯片的标题（处于标题中）；按 Ctrl＋回车，可切换到副标题或内容占位符（处于标题中），或者新建一张幻灯片并切换到标题中（处于副标题或内容中）。

5. 在大纲窗格下，可选中多页文本，可以同时对多页文本进行格式设置。

6.改变版式:直接单击"开始-幻灯片-版式",选择新的版式即可。

19.1.2　主题与母版设计

1.在"设计-主题"中可选择一个主题样式,改变整个演示文稿的颜色、字体、样式的设置,也可单独重新修改颜色、字体、样式的内容。主题排列以拼音为序,更改主题样式,实质上会改变母版及模板的设置。

2.从"视图-幻灯片母版"进入母版视图后,左侧窗格部分,最上面大的是母版,下面小一点的是该母版对应的多种版式。母版可控制各版式,各版式可控制使用该版式的幻灯片(鼠标指向版式,会显示哪些幻灯片使用了该版式)。单击"幻灯片母版-关闭母版视图"可返回普通视图。

3.如果在幻灯片母版或版式中插入各种图形(或其他对象),那么每一张使用该版式的幻灯片中就都会有此图形。若某幻灯片中不需要出现母版(版式)中的图形,在选中若干幻灯片时,选中"设计-隐藏背景图形",即可把母版中的图形隐藏掉。在母版中可设置标题或内容的各种格式,如字体、颜色等,这些设置在幻灯片中会继承下来,若在幻灯片中重新修改过格式,那么会保留修改过的格式。若想取消幻灯片的格式设置,可单击"开始-字体-清除所有格式(橡皮擦按钮)",恢复所有格式为母版默认格式。

19.1.3　图表操作

1.插入图表:单击项目占位符的图表(或直接单击"插入-图表")插入图表。系统自动打开 Excel,此 Excel 窗口为一个特殊窗口,将一直处于屏幕顶层,且无选项卡、无最大化按钮、无法保存(在 Office 2010 中,Excel 和 PowerPoint 会各占半个屏幕)。在 Excel 中录入数据,会直接反映到图表中。拖动数据右下角的蓝色框线,可改变数据区域。数据修改完成后,不用保存,直接关闭 Excel 即可。如图 19-1 所示。在 PowerPoint 中,若需要修改数据,可单击"图表设计-数据-编辑数据",或"右键-编辑数据"进行数据的编辑修改。

图 19-1　PowerPoint 中插入图表

2.若需要重新编辑数据,可单击"图表工具-设计-数据-编辑数据"(或"右键-编辑数据")重新打开 Excel 进行编辑。图表的其他操作类似 Excel 的图表操作。

19.1.4 导入 Word 文本内容

幻灯片内容除了直接录入或复制粘贴外,还可直接从 Word 文档中获取。Word 文档的样式级别,对应幻灯片的级别,标题 1 对应于幻灯片标题,标题 2 对应于幻灯片内容的 1 级,标题 3 对应于内容的 2 级,以此类推。其他的字体、字号等设置在导入过程中也能保留。导入文本的方法有 3 种,分别如下:

1. 在 PowerPoint 中的两种实现方法。方法 1:单击"文件-打开",选择文件类型为∗.∗,然后选择 Word 文档打开;方法 2:单击"开始-创建幻灯片-幻灯片从大纲",选择 Word 文档打开。如图 19-2 所示。方法 1 虽然叫"打开",但并不打开这个文件,而是把 Word 文件的内容添加到当前演示文稿中,产生多张幻灯片内容。

图 19-2 导入 Word 文档需要先选择文件类型

2. 在 Word 环境中使用"发送到 Microsoft PowerPoint"也可实现导入功能。单击这个按钮后,系统会自动打开 PowerPoint,新的演示文稿中,就有转换的幻灯片内容了。不过这个功能在 Word 的选项卡中并不存在,但内部是存在的,需通过添加到"快速访问工具栏"(或某功能区的自定义组中)来实现。方法是:单击"快速访问工具栏"的下拉列表,选择"其他命令",在"所有命令"或"不在功能区中的命令"分类中找到"发送到 Microsoft PowerPoint",添加到右边列表中,确定后即可点击按钮使用了。如图 19-3 所示。

图 19-3 把"发送到 Microsoft PowerPoint"添加到 Word 的快速访问工具栏中

在 PowerPoint 中,从 Word 中导入文字内容的级别由 Word 中文字的段落大纲级别决定,文字的其他格式会保留原样。

注意:导入其他文本,PowerPoint 支持多种格式,除了 Word 格式外,还支持 rtf 格式、txt 格式等。

19.1.5 插入多媒体文件

1.嵌入与链接:音频和视频,可直接通过单击"插入-媒体"中对应的按钮插入。在弹出的选择文件的对话框中,"插入"按钮右边有个三角箭头,它是可以下拉选择的,列表中除了"插入"外,还有一个"链接到文件"。"插入"是把音视频文件直接存入 pptx 文件中,也就是说 pptx 文件已经包含了媒体文件的内容了,复制到其他电脑中时,已经不需要再有原来的媒体文件了。而"链接"的音视频文件是通过外部文件使用的,复制演示文稿到其他电脑时,需要另外复制音视频文件,否则播放时会缺少文件内容。图片除了"插入"和"链接"两种方式外,还有一种"插入和链接"方式,这种方式下,若有外部文件则用外部图片,无外部文件则用嵌入的图片,可做到临时更换图片的功能。如图 19-4 所示。

图 19-4 音视频、图形文件的插入和链接

2.插入音频后,"音频工具-格式"选项卡下的所有设置,都是针对那个小喇叭的外观进行设置,实际意义不大。"播放"选项卡下有"剪辑音频"可设置播放的开始和结束时刻;"淡入""淡出"可设置过渡时长;"开始"若选择"跨幻灯片播放"则在幻灯片切换后,音频播放将继续,可作为背景音乐一直播放。

3.插入视频后,"音频工具-格式"选项卡下的设置,是针对视频的外观,可以设置成各种样子,如椭圆形、梯形等,甚至可以选择各种形状("插入-插图-形状"下所有形状)作为外观。与音频类似,"播放"选项卡下有各种设置,可控制播放参数。

19.2 实 验

19.2.1 实验目的

1.掌握 PowerPoint 基本内容的输入、编辑;

2.掌握从 Word 文档中导入内容的方法;

3.掌握 PowerPoint 图形、图表、音视频的应用;

4.掌握音视频文件的插入和链接的方法、特点和用途;

5.掌握母版、版式的用途,修改方法;

6.掌握主题的使用。

19.2.2 实验内容

1.根据给定的"熊猫素材.docx"文件,将内容转换成 PowerPoint 演示文稿,要求:内容前有"∗"的为每页标题,没标志的为普通项目,前面有"＋"的为二级项目。转换后要去掉前面的标志"∗"和"＋"。PowerPoint 文件名为"熊猫.pptx"。

2.为演示文稿设置一种主题。把母版的标题颜色设置为蓝色;把"标题幻灯片"版式的标题字体设置为"隶书";在母版中,通过插入图片的方式,使"熊猫.jpg"作为幻灯片的背景图。

3.在标题幻灯片里,不出现熊猫的背景图。

4.在幻灯片 2、3、4 页的左上角插入几个熊猫图片。

5.添加一张幻灯片,标题为"熊猫视频",内容为插入一个视频"熊猫视频1.mp4"。

6.再插入一张幻灯片,标题为"熊猫视频链接方式",链接到视频文件"熊猫视频0.mp4"。

19.2.3 实验分析

1.在 Word 中,对幻灯片标题、内容的 1 级、内容的 2 级,分别用标题1、标题2、标题3进行设置,并去掉前面的标志"∗"和"＋"。然后在 PowerPoint 中打开导入。

2.主题可在"设计-主题"下直接选择设置。在母版视图下进行各种母版设置。

3.不出现母版图像,可用"隐藏背景图形"实现。

4.直接插入图片。

5.直接插入视频。

6.链接一个视频,在选择文件后,使用"链接到文件"方式。

19.2.4 实验步骤

1.打开 Word 文档,要先对文档进行适当修改。由于大部分段落都是普通项目,因此为了快速设置,可先全部设置为普通项目的样式:按 Ctrl＋A 全选,设置为"标题 2"样式;然后将前面有"∗"的设置成"标题 1",前面有"＋"的设置成"标题 3"。在 PowerPoint 中,单击"文件-打开",选择文件类型为"∗.∗",选择该 Word 文档,点击"打开",把内容转换成 PowerPoint 幻灯片内容,最后保存文件。

2.在"设计-主题"下选择一种主题。点击"视图-幻灯片母版视图"进入母版视图界面:

(1)选中左边最上面的母版(略大的),选中右边的"标题",设置颜色为"蓝色";

(2)选中左边"标题幻灯片"版式,选中右边的"标题",设置字体为"隶书"。

(3)选中左边"标题和内容"版式,在右边插入图片"熊猫.jpg"。把图形拖放至足够大,并把图形置于底层。

（4）单击"幻灯片母版-关闭母版视图"，返回普通视图。

3. 在标题幻灯片中，单击"设计-背景-隐藏背景图形"，让母版中的图形不出现在幻灯片中。

4. 分别插入图形，调整到适当的位置和大小即可。

5. 选中最后一张幻灯片，单击"开始-幻灯片-新建幻灯片"（或按快捷键 Ctrl＋M），插入一张幻灯片。若不是"标题与内容"版式，可在"开始-版式"中修改。在内容占位符中选择视频图标，选择文件插入到幻灯片中。

6. 其他操作类似上题。在选择视频文件后，要点击对话框的"插入"按钮右边的下拉三角箭头，并选择"链接到文件"。

第 20 章

幻灯片的放映和输出

20.1　知识要点

20.1.1　幻灯片放映

1. 在"幻灯片放映"选项卡中,有两个放映按钮即"从头开始"(F5)与"从当前幻灯片开始"(Shift＋F5)。状态栏右侧视图中的"幻灯片放映"视图,是从当前幻灯片开始播放。如图 20-1 所示。

图 20-1　幻灯片的播放

2. 放映时的快捷键。由于放映时不能输入文字,因此放映时可以把字母、数字按键直接当快捷键使用。在放映时按 F1 键,可查看幻灯片放映时的快捷键,其中"触摸"选项卡适用于带触摸屏的系统。如图 20-2、图 20-3 所示。

图 20-2　幻灯片播放时的快捷键－1

幻灯片放映帮助

常规　排练/记录　媒体　墨迹/激光指针　触摸

常规快捷方式

"N"、左键单击、空格、右箭头或下箭头、Enter 或 Page Down	前进到下一张幻灯片或动画
"P"、Backspace、左箭头或上箭头或 Page Up	返回到上一张幻灯片或动画
右键单击	弹出式菜单/上一张幻灯片
"G"、"-"或 Ctrl+"-"	缩小幻灯片：查看所有幻灯片
"+"或 Ctrl+"+"	放大幻灯片
键入编号后按 Enter	直接切换到该幻灯片
Esc 或 Ctrl+Break	结束幻灯片放映
Ctrl+S	所有幻灯片对话框
按 'B' 或 '.'	使屏幕变黑/还原
按 'W' 或 ','	使屏幕变白/还原
"S"	停止/重新启动自动放映
"H"	如果幻灯片是隐藏的，跳至下一张
同时按住鼠标左右键 2 秒钟	返回第一张幻灯片
Ctrl+T	查看任务栏
Ctrl+H/U	鼠标移动时隐藏/显示箭头
Ctrl+向下键/向上键，或者 Ctrl+Page Down/Page Up	在演示者视图中滚动浏览笔记
Shift + 向左键或 Shift + 向上键	返回到上一缩放幻灯片

常规　排练/记录　媒体　墨迹/激光指针　触摸

墨迹标记和激光指针快捷方式

Ctrl+P	将指针更改为笔
Ctrl+I	将指针更改为荧光笔
Ctrl+A	将指针更改为箭头
Ctrl+E	将指针更改为橡皮擦
Ctrl+M	显示/隐藏墨迹标记
"E"	清除屏幕上的图画
Ctrl+L 或按住 Ctrl 键的同时按下鼠标左键	将指针更改为激光指针

常规　排练/记录　媒体　墨迹/激光指针　触摸

触摸笔势

向前滑动	前进到下一张幻灯片或动画
向后滑动	返回到上一张幻灯片或动画
收缩	缩小幻灯片：查看所有幻灯片
拉伸	放大幻灯片
点击	显示/隐藏幻灯片放映工具栏
双击	放大/缩小幻灯片

图 20-3　幻灯片放映时的快捷键－2

3."自定义放映"是指不全部播放幻灯片，可选择若干张幻灯片来播放。新建自定义放映后，可选择若干幻灯片，然后添加到右边列表框。

4."设置幻灯片放映"中的设置，对后续的放映有效。

5."隐藏幻灯片"是一个开关按钮，可对当前选中的幻灯片进行设置，当幻灯片处于隐藏状态时，编辑操作可正常进行，只是放映时不出现。当幻灯片隐藏时，幻灯片窗格中的内容会以灰色显示，幻灯片的序号会加斜线。

6.点击"排练计时"后，系统开始播放幻灯片，同时对每页切换时间进行记录，播放完毕或按 Esc 提前退出播放后，会提示是否保存排列计时，若选择"是"，则排练计时被记录，且系统自动切换到幻灯片浏览视图，在每张幻灯片的左下角会有该页停留的时间，以后播放时，系统将会在对应时间后自动切换，达到整个播放自动进行的效果。排列计时，其实内部是通过更改幻灯片的切换时间实现的，即自动选中"切换-时间-设置自动换片时间"，并进行相应设置。因此若需要修改排练计时的部分幻灯片的时间，可直接修改"切换"中的换片时间。如果要撤销排练计时，即不需要自动换片，则直接在幻灯片浏览视图下，使用 Ctrl＋A 组合键全选，取消选中"设置自动换片时间"即可。

20.1.2　幻灯片输出

1.打印输出：默认是"整页幻灯片"，即一张纸打印一张幻灯片，但一般可选择下面的讲义母版方式中的 6 页或 9 页等选项，纸张也可以选横向。"视图-讲义母版"中可对打印的细节进行设置，如页眉页脚、背景、幻灯片方向等设置。幻灯片方向设置为横向后，打印时默认纸张就是横向的，和幻灯片一致，适合 4 页、9 页幻灯片打印。9 张横向放置和 9 张水平放置，其区别只是顺序和排列方式不同而已，大小完全相同。如图 20-4所示。

图 20-4　一般打印要用多张幻灯片的讲义母版方式

2.放映文件输出:另存为"PowerPoint 放映"文件(扩展名为 ppsx),则保存后的放映文件,可以直接双击播放,按 Esc 键可直接退出播放。放映文件可以直接播放,但不能进行任何修改,对文件内容有一定的保护作用。

3.打包输出:单击"文件-保存并发送-把演示文稿打包成 CD",不仅能把文件复制到 CD 中(即刻录光盘,现在应用较少),也可复制到一个文件夹中(比较常用)。该功能会自动搜索演示文稿文件中存在的链接文件,并自动把这些链接文件复制到文件夹中,避免手工复制遗漏了链接文件。

20.2　实　验

20.2.1　实验目的

1.掌握幻灯片放映的基本操作;

2.掌握自定义放映的使用与操作;

3.掌握隐藏幻灯片的操作;

4.掌握排练计时的录制和修改的操作;

5.掌握打包输出的作用和操作;

6.掌握打印输出的方法。

20.2.2　实验内容

1.建立 5 张幻灯片,内容只要编号,不设置切换。然后进行排列计时,5 张幻灯片计时分别为 5、4、3、2、1 秒。

2.再增加只有编号的两张幻灯片,并把这两张设置成隐藏幻灯片。

3.再增加只有编号的 5 张幻灯片,在这 12 张幻灯片中,建立两个自定义放映"前 4 页"和"后 8 页",分别播放相应的页面。然后设置默认播放为"后 8 页"。

4.在第 9 页中插入一张图片,在第 10 页中链接一个视频。

5.把该文件打包到一个文件夹中,复制到另一台电脑播放。

6.把幻灯片按一张纸 4 页的方式打印输出(预览即可)。

20.2.3　实验分析

1.排练计时后,若需要修改时间,可通过单击"切换-计时-持续时间",在相应界面中修改。

2.隐藏幻灯片可在普通视图或幻灯片浏览视图下设置。

3."自定义放映"和已经定义的"放映"会同时在"开始放映幻灯片-自定义幻灯片放映"按钮的下拉列表中。

4.视频文件可以用"插入"或"链接到文件"方式插入,按钮默认是"插入",需"链接到文件"时,应下拉选择。除了这两种方式外,图片文件还有一种"插入和链接"方式。

5.打包时,会自动复制链接的视频文件到目标文件夹。

6.默认打印是 1 页打印 1 张幻灯片,需重新选择 1 页打印 4 张幻灯片。

20.2.4　实验步骤

1.用 Ctrl＋M 组合键新建 5 张灯片,在文本框中各输入编号。单击"幻灯片放映-排练计时",分别在幻灯片等待时间约 5、4、3、2、1 秒时按空格键切换。排练时左上角有计时显示,但显示的时间只精确到秒,实际记录的精度为 0.1 秒。排练完后,会自动切换到幻灯片浏览视图,每张幻灯片的左下角会显示切换时间,若和要求不一致,可重新录制排练计时,或直接修改"切换-计时-持续时间"中的值。

2.在最后一张幻灯片下,用 Ctrl＋M 键新建 2 张灯片,选中第 6、7 张幻灯片,单击"幻灯片放映-隐藏幻灯片"。

3.在最后一张幻灯片下,用 Ctrl＋M 键新建 5 张灯片,在文本框中各输入编号。点击"幻灯片放映-自定义幻灯片放映-新建",命名为"前 4 页",把左边的前 4 页,添加到右边列表中,点击"确定"。同理建立"后 8 页"的自定义放映,关闭对话框。单击"幻灯片放映-设置幻灯片放映",在"放映幻灯片"中选中"自定义放映",并在列表中选择"后 8 页",确定后,直接按 F5 键播放,观察播放幻灯片序号。

4.用"插入-图像-图片"插入图片;单击"插入-媒体-视频",在对话框中,选择视频后,在"插入"按钮右侧下拉选择"链接到文件",这样链接的文件并不包含在 pptx 文件中。

5.单击"文件-保存并发送-将演示文稿打包成 CD",再单击"打包成 CD",命名文件,再单击"复制到文件夹",选择位置,点击"确定"。打包完成后,打开文件夹,观察分析文件,正常结果会是:图形文件不在里面(直接包含在 pptx 文件中了),视频文件在文件夹中(由于链接的文件并不包含在 pptx 文件中),其他文件不用理会。本文件夹复制到其他机器播放时保证不缺文件,即可正常播放。

6.单击"文件-打印"(Ctrl＋P),下拉选择幻灯片数量和方向。在窗口右边可直接观察预览效果。

第21章

幻灯片的切换和动画

21.1　知识要点

21.1.1　切换与动画综述

1. 切换的基本单位是一张幻灯片,动画的基本单位是一个对象,切换可在幻灯片浏览视图下操作,而动画必须先选中对象才可操作。

2. 切换或动画中的时间,分、秒之间以冒号分隔,秒和秒以下以小数点号分隔。

3. 切换或动画,都是先选择一种效果,再选择效果选项,不同的效果,选项可能会不同。

21.1.2　幻灯片切换

1. 切换中的换片方式,"鼠标单击时"和"自动换片时间"都是复选框,可同时选中,也可同时都不选中,或选中一个。当两者都没选中时,无法用鼠标或定时换片,但可通过点击页面中的超级链接进行切换,也可用键盘按键切换。

2. 切换效果是指切换到当前页面的效果,持续时间是指切换动作的时间,自动换片时间是指当前页自动切换到下一页的等待时间。

3. 在幻灯片浏览视图下或普通视图下的幻灯片面板中选中多个幻灯片,可同时设置成一种切换效果和计时设置。也可在设置后通过单击"动画-计时"下的"全部应用"按钮对所有幻灯片按当前选项进行设置。

4. 设置了切换效果后,在幻灯片窗格中,幻灯片的边上会有一个五角星图标 ⭐。

21.1.3　动画

1. 动画分进入、强调、退出和动作路径几种方式,理论上一个对象可同时设置这四种动画的任意几种,也可按任意次序设置,但实际上一般按进入、强调、退出的次序进行,动作路径一般单独使用,很少和其他动作一起使用。若多次在"动画"中选择动作效果,并没有设置多个动作,只保留最后一次设置。因此若要设置多个动作,第2种及后续的动作,应该通过"添加动画"按钮实现。"添加动画"的选项和"动画"中的选项并无区别。如图21-1所示。

2. 设置这4类动画效果,除了可直接选择方式以外,每种还有"更多效果"可选。"添

图 21-1　对象的首次动画与后续动画用不同的按钮

加动画"一样有更多效果可选。

3.动画有时间顺序,建议打开动画窗格,改变动画顺序可在动画窗格中用鼠标上下拖动,或直接单击动画窗格下方"重新排序"两边的上下两个按钮来实现。

4.触发动画:"触发动画"是一种特殊的动画,它本身是没有时间顺序的,动画是由单击其他对象触发的。如果要求点击对象 A,让对象 B 出现,则要对 B 设置触发动画。注意:这里是设置对象 B 动画,不是设置对象 A 动画。步骤:先对 B 进行普通动画设置,然后单击"动画-高级动画-触发-单击",选择对象 A。此时可能会有许多对象,若根据名称不容易确认具体对象,可以在"开始-选择"中打开"选择窗格",这样选中的对象和对象名称就有一个一一对应关系,可方便得知对象的名称。在选择窗格中,双击对象名称还可修改对象的名称,改成一个合适的名称有助于后续的操作。另外在选择窗格中,还可隐藏某些暂时不需要操作的对象,方便某些操作。

5."动画刷",类似于"格式刷",先设置一个对象的动画,然后可"刷"其他对象,把动画效果复制到其他对象中去。使用方法也与"格式刷"一样,单击可刷一次,双击可刷多次。"动画刷"只能复制普通动画,无法复制触发动画。

21.2　实　验

21.2.1　实验目的

1.掌握切换和动画的基本概念;
2.掌握常用的切换和动画的操作方法;
3.掌握几种特殊的切换和动画的操作与制作方法;
4.掌握触发动画的概念与操作方法;
5.掌握常用对象动画效果的设置方法。

21.2.2　实验内容

1.卡拉 OK 歌词同步显示:在演示文稿中添加多张幻灯片,插入一个歌曲音频文件,同时歌词以卡拉 OK 字幕方式同步显示。歌词可分多页,每页切换都自动进行。

2.上升字幕设计:制作一张幻灯片,包含一个文本框,内含几十行文字,行数超过 2 个屏幕高度。将该文本框制作成影视上升的字幕方式。

3.用触发动画制作选择题:新增一张幻灯片,制作一道选择题包括题目(黑色)、4 个答案(黑色)、3 个"错"(红色)、1 个"对"(蓝色),均使用文本框。当鼠标单击某个答案时,如"对"从下面向上飞入,"错"则从上面向下飞入。如图 21-2 所示。

图 21-2　有触发动画的选择题

4.多图淡出设计:新建一页幻灯片,添加 4 行 4 列 16 幅图形,设置各图动画,每幅图按顺序以淡出方式逐渐出现,时间间隔为 0.8 秒。

21.2.3　实验分析

1.卡拉 OK 歌词同步显示

(1)以卡拉 OK 方式显示字幕,是在同一位置显示两种颜色的文字,一种文字直接显示,另一种以动画方式动态覆盖显示。动画可以选择"擦除"方式,以段落方式依次显示。"计时"中的"持续时间"是指动画的持续时间,"迟延"时间是每行歌词逐步显示前的停留时间,即上一行歌词整体显示完到本行开始显示的间隔。若第 2、3 行歌词显示间隔太短,需要调整,则可以通过增加第 3 行的迟延时间来实现。

(2)整个文本框可一次性对"动画-计时"的多项进行设置,但也可以单独修改每段的设置,方法是先选中具体某段(至少要选中段中的一个字,只是光标停留是不行的),再设置。

(3)从网上下载过来的歌词,看着是多行的,但很有可能他们之间是换行符,而不是回车符,即使"效果选项"设置了"按段落"的方式,发现最终动画还是一起进行的,文本框左边也只有一个动画序号。此时就需要把每行的换行替换成回车,内容少的时候可直接删除并按回车手工替换。若先复制到 Word 中,可方便辨别回车符和换行符。

2.上升字幕设计

(1)上升字幕,可用"动画-路径动画"下的"直线"动画实现,若用自定义的"直线"动画,则起始点可以拖到播放屏幕外部去,实现从屏幕外边进入和离开。为了操作方便,可缩小显示比例后进行操作。而自定义动画的默认时间也比较短,需要重新调整;效果中的"方向"也应改变,还应选择"作为一个对象"的方式。这种方式比较麻烦,不建议使用。

(2)而在"动画-更多进入效果"下还有一个"字幕"效果更方便。"字幕"效果默认时间是 15 秒,也比较合适,而且默认就是"作为一个对象"方式,方向也是向上方式,建议选择这种效果。

3.触发动画制作

(1)4 个选项的格式、动画基本相同或相似,因此可以先制作完成一个选项的内容和对错动画,然后再复制粘贴,内容或格式不同的再修改,这样可以减少步骤。触发动画也会随着复制粘贴自动相对修改（假设 Textbox3 触发 Textbox4,复制粘贴 2 个对象后,会自动成为 Textbox5 触发 Textbox6,不会还是由 Textbox3 触发）。2 个对象粘贴后,对象还处于选中状态,最好直接拖动到合适的位置,以免成对的 2 个被误拆散。

（2）"错"的选项有 3 个,可先做错的选项再复制 3 个,这样只需修改一个"对"的文本框的格式和动画。

4.多图淡出设计

（1）图形文件在一个文件夹中,可一次性全部插入。插入后,先摆放、排列好各图形对象。

（2）先设置第一个图形的动画,其余图形的动画可用"动画刷"依次复制。

21.2.4　实验步骤

1.卡拉 OK 同步歌词设计的操作步骤如下:

（1）单击"插入-音频"插入一首歌曲。歌曲文件一般不大,建议用插入方式,不要用链接方式。

（2）对插入的音频设置播放方式:"音频工具-播放-音频选项-开始",在如图 21-3 所示的界面中设置"跨幻灯片播放"并勾选"放映时隐藏"。另外,也可直接选中开关选项"音频样式-后台播放",选中此开关会自动设置音频选项。由于该音频设置了跨幻灯片播放与自动播放,此音频的动画方式也会自动设置成"播放",在"动画-计时"中的"开始"会自动设置为"与上一动画同时","持续时间"也会自动设置为"自动"。

图 21-3　音频播放设置

（3）在幻灯片中插入文本框,输入或粘贴歌词,尽量让每行歌词的播放时间一致,方便一个文本框的动画时间一起设置。直接设置需要添加动画的文字的字体、字号、颜色,如红色。一个页面放不下的,可分开放多张幻灯片上。由于一般歌曲前面都有一段时间的"过门",因此歌词前面可以增加一行特殊文字或符号,占用"过门"时间,也可以不要增加文字,而直接增大第一行动画的"迟延"。

（4）设置该文本框的动画:单击"动画-擦除",将"效果选项"设置为"自左侧""按段落"。

（5）先设置总文本框的动画时间:"计时-开始"为"上一动画后","持续时间"为 4 秒,"迟延"为 2 秒,即一行（段）的显示时间为 6 秒。这 2 个数值可根据具体歌曲的播放速度调整。

（6）选中第一段（过门）,重新设置"计时-开始"为"与上一动画同时"（即播放音频的同时开始字幕动画）,"持续时间"和"迟延"根据具体歌曲的情况适当调整。其他段若计时方面有所不同,也可重新设置。时间可通过多次预览播放,重新调整,直到歌词同步合适为止。

（7）用同样的方式插入新的幻灯片，用文本框显示歌曲的剩余部分。

（8）为了让第一张幻灯片播放完后，自动切换到下一张，需要设置幻灯片的自动切换时间。单击"幻灯片放映-排练计时"，幻灯片开始播放，当第一张幻灯片的歌词播放结束后，单击鼠标，切换到下一页，反复直到歌曲播放完毕，按 Esc 键退出。排练后，系统将自动记录每张幻灯片的切换时间。然后可重新播放，观察切换时间是否合适，若不合适，可重新在"切换-设置自动换片时间"里修改时间值，直到切换时间合适。

（9）歌词的所有动画全部完成后，可以复制并粘贴一份。选中原来的一份，把字体颜色改为固定层的颜色，如黄色，并把动画设置成"无"，直接显示歌词。两层歌词的叠加次序需动画层在前，固定层在后，动画层覆盖固定层。若设置反了，可用右键把其中红色层"置于顶层"，或把黄色层"置于底层"。最后用鼠标或光标键移动文本框，让两层重叠，只看到红色层。

2.上升字幕动画的操作步骤如下：

（1）输入或粘贴字幕文字到文本框中。若内容较多行，字号可能会被自动压缩成比较小的字号，需要重新拉高文本框高度。由于显示的文字以字幕方式动态滚动，因此高度超过屏幕总高也是可以的。

（2）单击"动画-更多进入效果"，选择"字幕"，设置适当的"持续时间"即可。

3.带触发的选择题制作的操作步骤如下：

（1）使用 Ctrl＋M 组合键添加一页幻灯片，添加文本框标题和题目，适当地修改字体大小等格式。

（2）插入两个文本框，分别输入文字"A.2"与"错"，设置大小为 60，并把"错"设置成红色。

（3）对"错"字设置动画：单击"飞入-效果选项"选择"自顶部"，再单击"触发-单击"选择 Textbox3。此处若不清楚哪个是 A 选项的对象，可单击"开始-编辑-选择-选择窗格"，选择选项 A，在选择窗格中确定对象名称。

（4）选中两个对象，复制、粘贴，在新生成两个对象后，对象还处于选中状态，鼠标指向边缘位置，图标变成 4 个箭头时，直接拖放到右边合适位置。再重复粘贴 2 次，拖放到合适位置。完成 4 对 8 个对象。

（5）修改复制的 3 个选项内容。修改 B 选项后面的文字为"对"，并把字体颜色设置为蓝色。重新修改动画方向：单击"动画-效果选项"，选择"自底部"。粘贴的 3 个触发动画，不需要重新设置。

4.多图淡出设计的操作步骤如下：

（1）用 Ctrl＋M 组合键插入一张幻灯片，删除占位符。图形文件在一个文件夹中，单击"插入-图片"，可选中 16 个图形文件一次性插入。

（2）插入后，对象处于选中状态，然后右击选择"大小和位置"，设置相同的大小。再用鼠标拖动到适当的地方，按行或列 4 个 1 组，辅助以"图片工具-格式-对齐"下面的各种操作进行对齐。

(3)设置第一个图形的"动画"为"淡出","持续时间"为 0.8 秒,在"开始"中选择"上一动画之后"。

(4)在选中第一个图形时,双击"动画刷",按顺序逐个单击其余 15 个图形,复制相同的动画设置。最后再单击"动画刷"结束。

其他篇

第 22 章

Office 使用技巧

22.1 知识要点

22.1.1 用编码输入汉字或符号

1.汉字编码

中文系统下的文字编码,主要有以下几种:

(1)GB2312—80 编码:中国首次出台的汉字国家标准编码,于 1980 年发布,总收录汉字 6763 字(其中一级汉字 3755 字,按拼音排序,二级汉字 3008 字,按笔画顺序)、符号 682 个。

(2)GB18030 编码:为中国的编码,兼容 GB2312—80 以及 GBK,简称 GB 编码,每个英文字母 1 字节、汉字 2 字节(标准中有一些偏僻字为 4 字节编码,由于 Windows 软件现在大都不支持,4 字节字忽略不讨论,本文所说的 GB 都指 2 字节文字)。目前 GB 汉字和符号大约 2 万多种。GB 中有日文假名、俄文与希腊文字母,但无韩文及其他外文文字。

(3)Unicode 编码:它是国际标准,全世界文字全部统一编码,所有文字都用 2 字节表示(展后有部分为 4 字节)。目前 Unicode 文字,包含了所有的 GB 文字,以及部分 GB 中没有的汉字和符号,即 Unicode 汉字字数多于 GB 汉字。

(4)UTF−8 编码:它是 Unicode 的变种,是 Unicode 的具体表现形式,和 Unicode 一一对应,文字编码长度不固定,英文 1 字节,其他文字 2、3 字节都有,汉字的 UTF−8 编码为 3 字节,部分 4 字节 Unicode 扩展文字,对应 UIF-8 编码为 4 字节。UTF−8 编码主要用于网页编码。

Office 内部使用 Unicode 编码,但在 VBA 的程序和立即窗口中,使用的是 GB 编码。

在 Windows 系统中,从剪切板中粘贴文字,系统会根据编码,自动进行转换。由于目前 Windows 及 Office 的版本下,GB 编码汉字要少于 Unicode 的汉字,因此在 Word 或

Excel 中正常显示的字,复制粘贴到 GB 编码的地方(如 VBA 程序或立即窗口中)时,粘贴的值可能有部分会变成"?",即说明此字无对应的 GB 汉字。

2.查找汉字编码的方法

查找汉字或符号的编码,有两种办法:

(1)直接用 Excel 的函数获取。查 GB 编码用 CODE 函数,查 Unicode 编码用 Unicode 函数。但 Unicode 函数只在 Excel 2019 版存在,2010 版并无此函数。数值转 16 进制,用 Dec2Hec 函数。

(2)在 VBA 中用函数获取。Word、Excel、PowerPoint 的 VBA 均可以用函数获取汉字的编码。ASC 函数查 GB 编码,ASCW 函数查 Unicode 编码。中文的 GB 编码是负数,需加 65536 变成正数再使用。用 Hex 函数可把数值转为 16 进制,负数转 16 进制可以不加 65536,直接转换。

在 VBA 环境中,可用 Ctrl+G 打开立即窗口,在立即窗口中可直接用 Print 语句显示函数的值(回车执行当前行,Print 还可用"?"代替),不需要写程序来执行。

VBA 编辑环境及立即窗口中均不支持 Unicode 文字,只支持 GB 文字,因此部分 GB 中不存在的汉字或符号,将无法直接使用,即使粘贴,也会成为"?"。因此在立即窗口是无法直接查生僻汉字的编码的。但 Unicode 文字可以粘贴到 Excel 单元格中,如粘贴"㐀"到单元格 A2,然后用?AscW([A2])即可查出"㐀"的 Unicode 编码为 13314。编码与进制转换函数如表 22-1 所示。

表 22-1　编码与进制转换函数

目的	Excel 函数	VBA 函数
查汉字 GB 编码	Code	Asc
查汉字 Unicode 编码	Unicode	AscW
GB 编码转汉字	Char	Chr
Unicode 编码转汉字	UniChar	ChrW
10 进制转 16 进制	Dec2Hec	Hex
16 进制转 10 进制	Hex2Dec	Val("&H"&x)

3.用编码输入文字的方法

汉字或符号除了用各种输入法输入、用 Office 软件中的"插入-符号-符号"插入以外,还可以直接输入各种文字。

以输入符号"★"为例,介绍 2 种录入方法。"★"的 Unicode 编码为 9733(十六进制为 2605),GB 编码为 41455。

(1)用 Alt+小键盘数字编码的方法:关闭汉字输入法,打开键盘数字锁(NumLock),按住 Alt 键,用小键盘数字键依次输入十进制编码,最后放开 Alt 键(注:不能用键盘上方的数字键)。这种方法在所有软件中都适用,但使用的编码不同。在 Word 和 PowerPoint 中要用 Unicode 编码(9733),而在 Excel、WPS、记事本、浏览器和及其他软件中,大多要用 GB 编码(41455),个别软件若用 GB 不正确,可以用 Unicode 编码测试。

注意：17 寸以下的笔记本电脑没小键盘数字键怎么办？其实笔记本键盘也有 Num-Lock 数字锁的(一般要与 Fn 键组合)，数字锁打开后，7 个字母键"mjkluio"当数字"0123456"键用、"789"键不变，7 个键上也会印有对应的数字。

(2)在 Word 中除了上述通用编码输入法外，还可以用编码转换的方法：先直接输入 4 位 Unicode 的 16 进制代码(2605)，将光标停在编码后面，然后按快捷键 Alt＋X，编码会自动转换成汉字。本方法只有在 Word 中有效，Excel 和 PowerPoint 都无法使用。同样，若光标前不是合法的 16 进制数值，则 Alt＋X 可反过来把文字转换成 16 进制 Unicode 编码。

(3)在 Excel 单元格中，用函数生成文字：＝CHAR(41455)，或＝UNICHAR(9733)。前者不能输入 GB 没有的汉字，后者不能在 Excel 2010 下使用。

提示：若需要经常输入某生僻字，可先查得编码并记住，以后可以直接用编码输入。这是编码输入的典型应用场合。在各种软件环境中用编码输入文字的方法如表 22-2 所示。

表 22-2　在各种软件环境中用编码输入文字的方法

软件环境	Word/PowerPoint	Excel	VBA 及立即窗口	记事本/浏览器
使用编码输入	Unicode	GB	GB	GB
粘贴 GB 中不存在的 Unicode 文字	可以	可以	不可以	可以

22.1.2　在 Word 中自动生成文字

Office 系列软件的各个版本中，都存有一些隐藏的功能，俗称"彩蛋"。大多数"彩蛋"只存在于某个版本中，操作略显复杂，且多数为游戏功能。Word 中有一个"彩蛋"，可随机生成若干文字，在多种版本下均能使用，具有一定的实用价值。

方法是：直接在 Word 中输入代码"＝rand(x,y)"，其中 x 为段落数、y 为每段中的句子数。按回车后，立即会自动生成若干段落的文字内容。在学习或测试 Word 的某些功能时，这功能非常有用。

22.1.3　Excel 函数的综合应用技巧

1.N 函数与 Value 函数。这两个函数都是把数据转换为数值型，一般情况下不需要这两个函数，因为系统可以自动转换。Value 函数，功能是把字符类型转换为数值型，但参数也可为日期、时间或数值型(可理解为先自动转字符，再转数值)，但逻辑型无法转。N 函数(函数名就是单字母 N)可转换任何类型到数值型，规则是：数值不变，日期转序列，逻辑转 1 或 0，字符一律转 0。N 函数转换文字时，除非参数本身就是错误(如 ♯VALUE!)，函数结果都不会出错。

2.相对引用的使用。向下拖动填充柄，对单元格的公式进行复制，相对引用的单元格行号会随着相对位置自动变化。填充柄向右拖动填充，一样会对列号进行改变，某些应用的确需要这种方法。特别是各种查询函数、统计函数中用到的条件值，也可以用相对引用的单元格。

22.2　实　验

22.2.1　实验目的

1. 掌握生僻汉字或符号的编码输入方法;

2. 根据已经学过的知识,通过综合思考,解决未遇到的问题。

22.2.2　实验内容

1. 在 Excel 的 A 列中有一些文字:★ ☆ ☑ ⊠ 0点 垚。用 Excel 函数查出这些字的 GB 编码和 Unicode 编码,然后在 Word、Excel、PowerPoint 中重新输入这些字。再在百度中搜索"生僻字",从网页中复制几个字到这些字后面,一起进行编码查询和输入。

2. 求某校某班同学的平均成绩、最高成绩、最低成绩。如图 22-1 所示。

	A	B	C	D	E	F	G	H	I	J	K
1	学校	班级	学号	成绩		学校	班级	平均分	最高分	最低分	总分
2	一中	1班	001	23		一中	1班				
3	一中	1班	002	34		一中	2班				
4	一中	1班	003	45		一中	3班				
5	一中	1班	004	56		二中	1班				

图 22-1　按学校班级统计各班分数

3. 对 A1:A30 各单元格中的空单元格,进行自动编号,每一部门的下一行都从 1 开始。

4. 计算 Sheet4 的 A1 单元格中汉字"算"的数量,填入 B1。

5. 计算 Sheet4 的 A2 单元格中阿拉伯数字数量,填入 B2。

6. 已知多人、多门课程的成绩,要求对姓名和课程名称顺序不同的位置重新填充成绩。如图 22-2 所示。

	A	B	C	D	E	F	G	H	I	J	K
1	姓名	数学	英语	语文	政治		姓名	政治	英语	语文	数学
2	张三	12	32	25	74		赵七	63			
3	李四	23	43	33	63		张三				
4	王五	34	54	36	52		王五				
5	马六	45	65	47	42		李四				
6	赵七	56	76	58	63		马六				
7		原数据						需填写数据			

图 22-2　根据表头内容重新填写成绩

22.2.3　实验分析

1. 文字的编码查询与编码输入。

(1)在 Excel 中查询文字的编码:用 Code 或 Unicode 函数获取 GB 和 Unicode 编码。

用 Dec2Hex 函数可转换为 16 进制(Word 中转换要用到 16 进制的 Unicode 编码)。生成文字,要用 Char 和 UniChar 函数。

(2)直接用 Alt＋编码方法输入文字,在 Word 和 PowerPoint 中使用 Unicode 编码,Excel、VBA、记事本、网页等软件中要用 GB 编码。若用 Code 函数查到的 GB 编码是 63,说明该字无对应的 GB 文字,无法用 GB 编码方式直接输入文字,但可以粘贴 Unicode 文字,如图 22-3 所示。

(3)Word 中使用 Alt＋X 快捷键可对光标前的文字或编码进行相互转换,编码是 16 进制 Unicode 值。

	A	B	C	D	E	F	G
1	文字	Unicode 编码	16进制 Unicode编码	GB编码	重新 编码输入	用函数 UNICHAR生成	用函数 CHAR输入
2	★	9733	2605	41455		★	★
3	☆	9734	2606	41454		☆	☆
4	☑	9745	2611	63	无法直接 输入	☑	?
5	☒	9746	2612	63		☒	?
6	0噛	13144	3358	63		0噛	?
7	룂	13314	3402	63		룂	?
8	普	26222	666E	50901		普	普
9	通	36890	901A	52648		通	通
10	汉	27721	6C49	47802		汉	汉
11	字	23383	5B57	55254		字	字

图 22-3　文字的编码查询与输入

2.求平均成绩、最高成绩、最低成绩。

(1)一列为学校、一列为班级,按学校班级分类统计这两列指定值的平均成绩,需要两对"范围/条件",可以直接使用 AverageIfs 函数。

(2)Excel 2010 并无 MaxIfs 函数,要统计某条件下的最大值,可以用函数嵌套实现,外层用 Max 函数,内层用公式先算出每项是否满足条件,满足为成绩,不满足为 0,如图 22-4 所示。内层结果为数组,与数组实验中的题目一样,虽然一次计算的是单个结果,也需要用数组的方法,以 Ctrl＋Shift＋Enter 结束。这种方法任何版本均可使用,而 Excel 2019 可以直接使用 MaxIfs 函数。

SUM			× ✓ fx	=MAX(($A$2:$A$91=F2)*($B$2:$B$91=G2)*$D$2:$D$91)						
	A	B	C	D	E	F	G	H	I	J	K
1	学校	班级	学号	成绩		学校	班级	平均分	最高分	最低分	总分
2	一中	1班	001	=MAX(($A$2:$A$91=F2)*($B$2:$B$91=G2)*$D$2:$D$91)							
3	一中	1班	002	34		一中	2班	64	92	24	640
4	一中	1班	003	45		一中	3班	64.2	93	25	642
5	一中	1班	004	56		二中	1班	65.1	94	33	651

图 22-4　使用 MAX 与数组的方法计算分班最高分

3.自动填写序号。

本题需要解决 2 个问题:若直接用公式"＝A1＋1",拖动填充柄填充,则当上一行为文字时,会出错;另一个问题是中间有文字间隔,不能一次填充,需要多次粘贴。

解决方法是:用 N(A1)函数将其转换为数值型,就不会出错(字符型会转换为 0),编号为 1 的单元格也可用相同公式;用定位条件(F5)可自动选择所有空单元格。

4. 计算某单元格中含有"算"字的数量。

使用公式:"＝SumProduct(0＋(Mid(A1,Row(1:99),1)＝"算"))"。公式说明:

(1)单元格 A1 的第 n 个字符是 Mid(A1,n),"＝Mid(A1,Row(1:99),1)＝"算""就是每个字符是否等于"算"(逻辑型)的一串数组。

(2)Row 函数和上面一样,为了获得 1 个包含 1~99 个元素的数组,个数其实只要多于字符数量即可,原因可自己思考。

(3)程序中为什么要加个"0＋"呢? 是由于后面的比较结果是逻辑型,Sum 无法统计,要将其转换为数值型。逻辑型转换为数值型(真为 1,假为 0)的方法有很多种,用"0＋x"就是让后面的部分自动转换为数值型相加,当然也可以用"1 * x"或者后面"x/1",还可用 N(x)函数转换。如果要统计 x 为假的数量,还可以用"1－x"的方法(请思考原因)。

(4)为什么 Mid 前有括号? 是因为运算符的优先级是"＋"优先于"＝",即先运算后比较,若无括号,就成了"＋"后再和"算"比较了。括号会改变运算优先级,即先比较后相加。

(5)和上例一样,若用 Sum,最后要用 Ctrl＋Shift＋Enter 结束。

5. 计算单元格中数字数量。

使用公式:"＝Count(0＋Mid(A1,Row(1:99),1))"。公式说明:

(1)和上题一样,利用 Row 和 Mid 函数可直接生成一个由各字组成的数组。

(2)然后和 0 相加(也可加任何一数值,一样可以用其他方法),如果是数字,则能正常相加,结果为数值型;若是文字则无法相加,结果会是"＃VALUE!"的错误。由于这是数组的一个元素的运算,整个计算不会错误。最外面的 Count 函数刚好统计数值型数量,而对错误的结果是不计算的。

(3)和上例一样,Count 也属于数组计算,最后要用 Ctrl＋Shift＋Enter 结束。

6. 成绩填充的操作步骤如下。

(1)如果只考虑到某一列的成绩,比较容易,用 VLookup 即可实现。譬如查政治一列成绩,姓名为第 1 列,政治为第 5 列,参数 3 为 5 即可,H2 用公式:＝VLookup(G2,A1:E6,5,0)。这样每列的参数 3 都是不同,也没规律,公式不同,不能用填充柄填充。

(2)若要直接用统一的公式,参数 3 也应该用公式自动查得,就是用 Match 函数,根据表头课程名称在原表表头中获取列的序号。Match 函数的参数 1 中行号是绝对引用,要固定为表头的行。参数 2 应从 A1(姓名)开始向右选择。

22.2.4　实验步骤

1. 编码查询和输入文字的操作步骤如下:

(1)直接用 Code 或 Unicode 函数查编码,用 Dec2Hex 函数可转换为 16 进制,用 Char 和 UniChar 函数重新生成文字。

(2)输入文字,方法 1:关闭输入法,按住 Alt,然后输入汉字的 Unicode 编码(Word 和 PowerPoint 中)或 GB 编码(Excel 或其他软件环境中),然后放开 Alt 键,即可输入对应汉字;方法 2:在 Word 中,输入对应 16 进制 Unicode 编码值,然后按 Alt+X 键。几个无 GB 编码的字,在 Excel 中,不能用 Alt+编码输入,只能从别处粘贴输入。

2.求平均成绩、最高成绩、最低成绩的操作步骤如下:

平均分 F2 的公式为:=AverageIfs($D$2:$D$91,$A$2:$A$91,F2,$B$2:$B$91,G2)

最高分 G2 的公式为:{=Max(($A$2:$A$91=F2)*($B$2:$B$91=G2)*$D$2:$D$91)}

总分 H2 的公式为:=SumProduct(($A$2:$A$91=F2)*($B$2:$B$91=G2)*$D$2:$D$91)

3.自动填写序号的步骤是:选中 A1:A30,按 F5 键,单击"定位条件",选择"空值",这样选中了所有空值,在当前单元格 A2 中输入公式"=N(A1)+1",然后按 Ctrl+Shift+Enter,全部填充。

4.输入公式"=SumProduct(0+(Mid(A1,ROW(1:99),1)="算"))"即可。

5.输入公式"=Count(0+Mid(A1,Row(1:99),1))",再按 Ctrl+Shift+Enter。

6.H2 单元格的公式为"=VLookup($G2,$A$2:$E$6,Match(H$1,$A$1:$E$1,0),0)",然后将其右边、下边都用填充柄填充即可。如图 22-5 所示。

图 22-5　用 Match 函数查找列的序号

第 23 章

Office 文档保护和共享

23.1　知识要点

23.1.1　Office 文档的密码保护

1.Word 文档可提供密码保护：在"另存为"对话框中，下拉"工具"选项，选择"常规选项"，在对话框中，输入两种密码：打开密码和修改密码（注：这是两种密码，不是两次密码，按惯例，每种密码都要输两次，第二次是在确定后，再提示输入的），保存后，即对该文档进行密码保护。如图 23-1 所示。

图 23-1　对 Word 文档设置密码

2.下次打开该文件时，会提示输入打开密码，只有当打开密码正确时，才会提示输入修改密码。若修改密码正确，则可正常修改，若不正确，文件处于只读状态，即修改了文档内容，只能另存为新文件，而不能覆盖原有文件。

3.Excel 和 PowerPoint 文档的密码保护操作几乎和 Word 完全一样，都是在"另存为-常规选项"中设置两种密码，然后保存。

23.1.2　Word 文档的编辑限制

1.Word 的"编辑限制"，主要就是保护文档内容，使之处于只读状态，不能进行修改。"格式限制"就是不允许将文档内容设置成某些样式。

2.单击"审阅-保护-限制编辑"打开限制编辑窗格，将两种保护"格式设置限制"和"编辑限制"下的选项选中，就是对应限制。

3.选中"限制对选定的样式设置格式"后,点击"设置",可指定某些样式是否可设置。设置了限制样式后,不能使用的样式将不显示在快速样式库中,无法选择使用。

4."格式设置"和"编辑限制"都是复选框,一般进行一种限制。但如果同时选中,由于只读部分本身就已经不允许任何修改了,因此格式限制只对编辑限制中可编辑区域起作用。

5.选中"仅允许在文档中进行此类型的编辑"后,可在下拉列表中选择可允许的 4 种操作选项:①"修订"、②"批注"、③"填写窗体"、④"不允许任何更改(只读)"。除了④以外,其他选项都是指允许该类型的操作。其中①和③可直接"强制保护",保护后全文可以修订,或者只能填写窗体。选择②和④两项,后面还有例外项可选。

23.1.3　编辑限制的例外项

1.选择②和④两项限制,不选中"每个人",直接保护,则文档全文只允许批注或只读。

2.选择②和④两项限制,若选中"每个人",那么在保护后,文档未选中部分可以批注或是只读的,选中部分是可以编辑修改的。如图 23-2 所示。

图 23-2　全部只读、部分可改、只能填写窗体 3 种编辑限制

3.设置完限制措施后,要单击后面的"是,启用强制保护"按钮,在弹出的对话框中输入密码。密码可以不设置,那么停止保护时也不需要输入密码。

4."限制格式和编辑"窗格显示与否,并不影响限制的设置。

注意:若需要部分保护、部分可以修改,在保护前,要先选中允许修改的部分内容,而不是选中保护部分。

23.1.4　Word 窗体界面制作

1.Word 的窗体有两种,一是在文档中直接插入各种控件;二是在 VBA 编辑环境中,用"插入用户窗体"来实现,在用户窗体中,可以摆放各种控件,用于人机对话。但 VBA 窗体涉及大量编程,本书不做讨论。由于后面要讲述到"填写窗体"保护,因此这里对窗体控

件进行简单叙述。本书只讨论在 Word 文档中直接插入各种窗体控件的操作。

2. Word 不需要窗体模块,在文档中可直接插入各种控件对象,"开发工具-控件"组中提供了若干控件,如图 23-3 所示。为了和后续的旧式控件区别开来,这些控件暂时称为"新式控件",其中有:

图 23-3　Word 的各种控件

- 格式文本内容控件:可输入文字,选中文字可单独设置各种格式;
- 纯文本内容控件:可输入文字,但整体文字格式统一;
- 图片内容控件:可插入图片;
- 构建基块库内容控件:可插入构建基块库;
- 组合框内容控件:可在多项中选择,也可直接输入;
- 下拉列表内容控件:只能在多项中选择;
- 日期选取器内容控件:可输入或选择一个日期;
- 复选框内容控件:选中或取消选中;
- 重复分区内容控件:可多次添加的区域,2010 版无;
- 旧式工具:包括旧式窗体控件和各种 ActiveX 控件。

3. 旧式窗体控件、ActiveX 控件和新式控件中,可能有重复,但界面和设置会有所不同,如复选框、组合框在新式控件、旧式控件、ActiveX 中都有。

- 旧式控件有:文本框、复选框、组合框、横排图文框等。
- ActiveX 控件有:复选框、文本框、标签、单选框、图像框、微调、组合框、按钮、列表框、滚动条、切换按钮和其他控件。

4. 虽然未选中"设计模式"也能插入各种控件,但最好在设计模式下插入控件。各种控件都可通过打开"属性"窗口进行设置,新式控件和旧式控件都是以对话框方式显示属性对话框进行设置,ActiveX 控件以英文属性名称和值的列表方式显示。只有在设计模式下右击才有"属性"的菜单项。关闭"设计模式",控件就处于运行状态,在 ActiveX 控件上右击,处理由程序掌控,不会出现 Word 的快捷菜单。

23.1.5　"填写窗体"保护

1. 文档中窗体对象的使用,一般是设计者在设计模式下插入各种控件,并设置属性,然后关闭设计模式,保存文件,发给其他人使用,使用者根据文档的提示以及各种控件属性来输入或选择进行填写。

2. 在文档的"限制编辑"中就有一项"填写窗体"的选项,选择了这种方式,使用者就只能对窗体控件进行填写或选择,而对普通文档就不能进行任何修改了,这可保证文档的其他内容不受破坏。

3.使用步骤:在文档中,插入并设置好各个控件对象的属性后,关闭"开发工具-控件-设计模式",在"开发工具-保护-限制编辑"中选中"仅允许在文档中进行此类型的编辑",在下拉列表中选择"填写窗体",然后单击"是,启动强制保护",输入密码即可。

注意:①"审阅"中有"保护-限制编辑","开发工具"中也有"保护-限制编辑",都可使用;②"是,启动强制保护"一定要在关闭"开发工具-控件-设计模式"下才能使用。

23.1.6 Excel 工作簿保护

1.单击"审阅-更改-保护工作簿",在弹出的对话框中可选择"结构"和"窗口"进行保护(默认时选中"结构"),结构保护就是不允许对工作表进行添加、删除、改名、移动、复制、隐藏等操作,窗口保护就是不允许对工作簿窗口进行放大、缩小、关闭等操作,对窗口保护后,右上角内部的最小化、最大化(恢复)、关闭按钮将不显示,即不允许用户操作。

2."保护工作簿"是一个"开关",设置时可输入密码,也可不输入,当有密码时,再次单击关闭时,需验证密码,如图23-4所示。

图 23-4 保护工作簿对话框

23.1.7 Excel 工作表的保护

1.直接单击"审阅-更改-保护工作表",则对整个当前工作表进行保护,在对话框中选中允许的操作行为(默认为选中前两项,允许选中),然后输入密码,并单击"确定"。如图23-5所示。

图 23-5 保护工作表对话框

2.同样,"保护工作表"是一个"开关",若保护时没输入密码,则撤销时也不需要输入密码。

23.1.8　有可编辑区域的工作表保护

若有的区域允许修改,但其他区域需要保护,则可先建立"用户编辑区域":先选中需要编辑的单元格区域,然后单击"允许用户编辑区域",在对话框中,"新建"一个区域,如果先前已经有选中单元格,则自动把它作为单元格区域,也可在此时选择单元格区域。"允许用户编辑区域"可建立多个,每个区域都可以有各自不同的密码。最后可直接单击"保护工作表"按钮,对整个工作表进行保护,此时界面及操作和工作表保护一样,选择允许操作项以及总密码,按"确定"后进行工作表保护。当然,先按"确定"退出对话框,然后再单击"审阅-更改-保护工作表",也是一样可行的。如图 23-6 所示。

图 23-6　保护工作表对话框

23.1.9　共享工作簿

在 Excel 2010 版中,直接点击"审阅-更改-共享工作簿"即可使用共享工作簿功能。

图 23-7　允许用户编辑区域及新建区域对话框

在 Excel 2019 版中,共享工作簿功能已经隐藏,如需要使用,必须从"不在功能区的命令"选择"共享工作簿(旧版)"将其添加到功能区(或快速访问工具栏)中,然后才能使用。

"不在功能区的命令"中,还有一个"共享"的功能,它是利用 Microsoft 的 OneDrive 云存储功能实现的。

Excel 工作簿可由多个用户同时打开进行操作。不同的用户在输入过程中,只要进行保存,自己及其他用户输入的内容都会保存到文件中,显示也会重新刷新。这种操作可方便多人、多电脑同时录入信息使用。

　　一台电脑上若同时打开一个 Excel 工作簿文件,第二次将无法打开,因此简单通过两次打开是无法实现本文件共享功能的,连简单的实验都不行。

　　共享工作簿的使用步骤是:单击"共享工作簿(旧版)",然后系统会对文档进行一次自动保存操作,文件即进入共享状态,多用户、多电脑就可同时打开该文件进行编辑修改。

　　多个用户输入文字,在两次保存期间,其他用户输入保存后的文字,也将会出现,同时系统会提示"工作表已用其他用户保存的更改进行了更新"。

　　同时打开同一个 Excel 工作簿文件,主要有如下方法:

　　1.共享打开,可以用多台电脑同时打开一个共享文件夹中的文件实现。文件夹可通过"右击-共享"设置成共享,然后局域网中的其他电脑可以通过"网络"来打开共享文件夹访问。文件夹共享是一种老的共享方法,在 Windows XP 及之前版本中被广泛使用,但由于这种共享方式不太安全,其他用户可以把病毒等文件私下保存到共享文件夹下,因此在 Windows 7 及 Windows 10 下,对文件夹共享功能进行了限制,默认情况下是关闭的,不建议大家使用该方式共享。

　　2.在同一台电脑上,使用多用户方式来共享打开 Excel 工作簿的功能。主要原理是:系统可切换 Windows 登录用户,后台未注销的用户打开的文件还继续在内存中。本方法可以实验,真正使用较麻烦,不实用。使用步骤如下:

　　(1)Windows 当前用户必须是管理员用户,或拥有管理员用户的权限,在 Windows 的"控制面板-添加或删除用户"中,新建一个用户,使其也拥有管理员权限。假设当前用户是 A,新建用户是 B。A 用户在 Excel 中建立一个工作簿,保存到某文件夹下。

　　注意:由于文件需要进行共享,不要保存在桌面或文档下,因为桌面及文档是每个用户专用的,不同的用户有不同的桌面和文档。

　　(2)单击"审阅-更改-共享工作簿",在对话框中选中"允许多用户同时编辑,同时允许工作簿合并",单击"确定",如图 23-8 所示。系统会提示要保存一次。保存后可继续输入一些内容。

图 23-8　共享和共享工作簿(旧版)功能

　　(3)A 用户保持 Excel 工作簿打开状态,此时在"开始"菜单中切换用户到 B。切换到 B 用户后,找到文件,直接双击打开。此时 Excel 的标题栏的文件名前面会有"共享"两字,说明共享成功。

　　注意:首次使用用户 B 登录时有点慢,因为系统要准备桌面、文档等各种设置,需要时间,之后切换会快得多。

3.多台电脑使用远程桌面登录同一服务器,同时打开同一个文件,进行共享录入。

只有服务器版(Windows Server 2008、2012、2019 版等)才支持多个用户登录同一电脑。多台电脑使用远程桌面登录同一服务器,可以同时操作一个文件,这种方式使用比较方便。

注:非服务器版的 Windows 7/8/10,也可远程桌面,但同一时间只能有一个用户登录,一旦有多个远程用户登录,则连本机都会自动注销而无法使用,因此这些 Windows 平台无法进行工作簿共享工作。

23.2　实　验

23.2.1　目的

1.掌握 Word 文档密码保护的设置;

2.掌握 Excel 和 PowerPoint 的文档密码保护设置;

3.掌握 Word 的文档保护以及可编辑区域设置;

4.掌握 Word 文档中填写窗体的保护限制;

5.掌握 Excel 的工作簿保护;

6.掌握 Excel 的工作表保护以及用户可编辑区域设置;

7.了解 Excel 的共享工作簿的模拟实验操作。

23.2.2　实验内容

1.自建 Word 文档、Excel 工作簿和 PowerPoint 演示文稿,内容不限,设置打开密码为"123",修改密码为"456",保存并重新打开,验证密码保护的工作方式。

2.在给定的 Word 表格"信息登记表 1"中,将已有内容设置为不可修改部分,空白表格部分可以任意输入内容。把填写的空白内容作为可编辑区域,密码为"123"。

3.在给定的 Word 表格"信息登记表 2"中,需要填写内容的位置都用控件实现,然后用"填写窗体"方式进行限制编辑。

4.在"教材订购.xlsx"工作簿中,把 Sheet1 复制到 Sheet2 中,并把 Sheet1 整个保护成只读,不能被修改,工作表保护密码为"abc"。把 Sheet2 中的订数、单价、金额三列设置成可编辑区域,密码为"123",工作表保护密码为"456"。

5.若有条件,可用网络共享,多台电脑测试 Excel 工作簿共享;若无条件,可在单机上用多用户登录,切换测试 Excel 工作簿共享。

23.2.3　实验分析

1.Word、Excel、PowerPoint 均有密码保护功能,操作也类似。

2.Word 文档的部分保护、部分可编辑,要先选中可编辑部分,而非保护部分。

3."填写窗体"方式保护,先插入各种控件并设置属性,再进行限制编辑。

4.Excel的可编辑区域保护,先设置可编辑区域及密码,再保护工作表。直接保护整个工作表就意味着没有可编辑区域,设置保护工作表的步骤是相同的。

5.文件夹网络共享方式,其他电脑能打开该共享文件夹,但由于涉及安全问题,现在比较难设置,实验可以用单机多用户共享来模拟。多用户环境中,每个用户都单独拥有独立的"我的文档""桌面"等文件夹,这些文件夹不能共享,因此要保存文件供多个用户共享使用时,不能使用这些文件夹,可以在磁盘中单独建立新的文件夹使用。最好是使用管理员用户账号,因为管理员用户可以拥有所有文件夹的操作权限。

23.2.4 实验步骤

1.Word、Excel、PowerPoint的加密保存,方法和步骤类似,都是单击"文件-另存为",在"另存为"对话框的"工具"中选择"常规选项",在对话框中输入打开密码与编辑密码,"确定"返回到"另存为"对话框,继续保存即可。更细节操作不再介绍。

2.Word中部分可编辑、部分只读保护:

(1)先选中可编辑部分,本题中即要选中空白单元格。同时选中连续单元格可直接拖动选中,增加非连续单元格,可用Ctrl+单击增加单元格选中。

(2)把需要选中的单元格整体都选中后,单击"审阅-保护-限制编辑"打开限制编辑窗格。

(3)选中编辑限制下的"仅允许在文档中进行此类型的编辑",保留下列选项为默认的"不允许任何更改(只读)",再选中"例外项"下的"每个人"。

(4)最后单击最下面的"是,启动强制保护",在对话框中输入密码。

(5)启用保护后,保护将一直存在,即使关闭"限制编辑"窗格也不影响保护方式,除非"停止保护"。

3.窗体控件插入及窗体保护:

(1)选中"开发工具-控件-设计模式",按要求在表格中插入各种控件。一般情况下,插入控件后,都不需要设置属性,因此可以把"纯文本"控件的默认文字"单击此处输入文字"改为"请输入姓名"等合适的文字。

(2)"出生日期"一项,用日期选取器,在属性中可设置成"××××年××月××日"的格式。注意:日期选择器可输入也可选择,但当输入非法日期时,系统不会校验是否正确。默认日期为当前日期,日期切换一次只能增减1月,若要选择较早日期,可先输入相近日期,再选择。

(3)"性别"为ActiveX选项按钮控件(又称单选框)。插入一个单选框后,打开属性窗口,把Caption属性改"男",把AutoSize属性改为TRUE(双击即可)。然后选中复制、粘贴一份到后面,选中后面的单选框,把Caption的属性改成"女"。

(4)"学历"和"职称"项需要用下拉列表,插入控件后,在属性对话框中,重复点"添加"按钮,输入4个选项,最后点击确定即可。

(5)照片栏中用图片控件,不需要设置任何属性。

(6)ActiveX文本框控件,单行不需要设置属性;多行需要设置MultiLine属性为

TRUE；EnterKeyBehavior 默认为 FALSE，则必须用 Ctrl＋Enter 换行，改为 TRUE 则可直接用 Enter 换行，然后再把控件拉大。

（7）插入、并设置完所有控件后，单击"开发工具-保护-限制编辑"，选择"填写窗体"，启动强制保护。

4．Excel 工作表保护：先复制工作表，再在两个工作表中操作。复制工作表，可用 Ctrl＋A 选中内容，再复制粘贴；也可用 Ctrl＋拖放复制整个工作表，然后改名。

（1）Sheet1 整个工作表的保护，直接单击"审阅-更改-保护工作表"，输入密码"abc"，选择权限为默认即可。

（2）Sheet2 允许三列需填写数据的单元格为可编辑，其他单元格全部为只读。先单击"审阅-更改-允许用户编辑区域"建立可编辑区域，密码为"123"。最后"保护工作表"，输入密码"456"，选择权限默认，单击"确定"即可。

5．共享 Excel 工作簿的准备工作：假设当前用户为 A，在控制面板中新建管理员用户 B。在磁盘中单独建立文件夹，供两个用户共享使用。

（1）A 用户编写 Excel 工作簿文件，保存到共享文件夹中，单击"审阅-更改-保护并共享工作簿"或"审阅-更改-共享工作簿"，然后继续输入。

（2）用 Windows 的"开始-关机-切换用户"切换到用户 B。B 用户打开共享文件夹，双击 A 用户保存的工作簿文件，直接打开，继续录入若干内容并保存。

（3）重新切换到 A 用户，录入数据并保存。观察双方用户保存操作的单元格的变化情况：用户保存时，另外用户输入的单元格数据，会同时增加，这就是共享工作簿的作用。

注意：多用户情况下，关闭工作簿后，最好是将 B 用户注销掉。因为只切换时，所有用户的程序还处于运行状态，一样占用 CPU 和内存。

第 24 章

在 Office 中插入 ActiveX 对象

24.1 知识要点

24.1.1 ActiveX 控件

ActireX 控件又叫 OLE 对象（Object Linking and Embedding）。这是一种编程语言中普遍使用的功能，利用其他已经开发的功能，方便扩充自己软件的功能。在软件开发中，也讲究"我为人人，人人为我"的原则，Office 的功能可以嵌入其他软件中，Office 也可嵌入其他软件的功能。其他软件使用 Office 功能不是本书要讲述的范围，本书只介绍讲 Office 软件嵌入其他软件功能模块的使用。

24.1.2 插入 ActiveX 控件的步骤

1. Word、Excel、PowerPoint 插入 ActiveX 控件的方法略有不同，但都是在"开发工具 -控件"组中，Word 要单击"旧式控件-其他控件"来插入，Excel 要单击"插入-其他控件"来插入，PowerPoint 直接单击"其他控件"来插入，如图 24-1 所示。有关"控件"或"对象"的称呼，不是很严格，经常混合使用，双方都不能算错误，但称呼一般有个习惯：未插入前的一类称为控件，插入后的称为一个具体的对象。

图 24-1　Word、Excel、PowerPoint 插入 ActiveX 控件的方法略有不同

2. 插入其他控件后，出现的对话框中有各种控件（对象）的列表，以字母顺序排列，有几百个。列表中的控件，并不是固定的，它和该电脑安装了哪些软件有关。Windows 和 Office 本身都提供了大量的控件，后续安装的软件也会提供各种控件。控件名称大多是英文名称，当然中文名称也是合法的，这个名称是软件开发者起的。列表以名称首字母顺

序排列,如图 24-2 所示。如果列表中并不存在某个控件,说明该机器没有安装对应的软件,可以重新安装该软件或注册控件后再插入控件。

图 24-2　ActiveX 对象列表

3.选择控件,点击"确定"后,鼠标会显示为一个"十"字光标,用鼠标拖动成一个矩形区域,就是该控件对象的摆放位置和大小,后续也可继续修改大小和位置。

4.下面是几个常用的 ActiveX 控件,后面实验中要使用到:

● Shockwave Flash Object:Flash 控件,可播放 Flash 动画;

● Microsoft Web Browser:IE 浏览器控件,可制作浏览器;

● Microsoft Barcode Control 16.0:条形码控件,可制作条形码、二维码。

5.插入控件后,需要设置控件的某些属性:单击"开发工具-控件-属性"打开属性面板,在属性面板中,其左边是属性名,都是英文单词,右面是属性的值,可以输入、修改。若属性是逻辑型,还可双击改变 TRUE 和 FALSE 值;如果属性是文件名,则不能用对话框选择,但可以粘贴文件路径。

6.部分控件在设置某些属性后可直接使用,但有些控件对象还需要编写程序才能工作。若需要编写程序,可双击某对象,系统会自动切换到 VBA 环境中,且自动显示一个事件程序的 Sub 结构,如果自动出现的事件并不是所需的,可重新选择事件名称,在 Sub 后面书写程序。自动生成的空白 Sub 结构可删可不删,其结果都不会影响程序的执行。

24.1.3　控件对象的执行

控件有两种模式:设计模式与执行模式。Word 和 Excel 的"开发工具-控件"组中都有一个"设计模式"开关,选中"设计模式"进行设计,取消选中即处于执行模式。但 PowerPoint 下并无此开关,在 PowerPoint 下,编辑状态(普通视图)就是设计模式,播放方式(阅读视图和幻灯片放映视图)就是执行模式,不能进行人工模式切换。在设计模式下,单击对象,就是选中对象,可删除、移动、改变大小等,双击对象会切换到 VBA 的代码视图进行编辑;在执行模式下,单击、双击或右击对象,都是受程序控制的,即需要执行该对象的对应事件的程序代码。

24.2 实　验

24.2.1　实验目的

1.掌握在 Office 软件中插入各种控件及 ActiveX 的步骤；

2.掌握简单的 ActiveX 控件的使用方法；

3.掌握 PowerPoint 中插入 Flash 动画的方法；

4.掌握 PowerPoint 中插入浏览器的方法；

5.掌握条形码、二维码的简单制作方法。

24.2.2　实验内容

1.在 PowerPoint 中插入一个 Flash 文件,并设置背景颜色为蓝色。

2.在 PowerPoint 中插入一个浏览器,并实现百度搜索功能。

3.在 Word、PowerPoint 和 Excel 中,分别插入一个二维码。Word 和 PowerPoint 中的内容由一个文本框输入、动态更改,Excel 中的内容和单元格 A2 绑定。

24.2.3　实验分析

1.在 PowerPoint 中插入 Flash 文件。

(1)Flash 对象的对象名为"Shockwave Flash Object"。

(2)Flash 对象的颜色属性:BGColor 属性为 16 进制背景颜色,按红绿蓝顺序各 2 位数,蓝色的 16 进制编码为 0000ff。BackgroundColor 属性同样是背景颜色,但它用 10 进制数表示,蓝色数值为 255。注:与大小、位置等属性不同,背景颜色属性修改后,不能马上反映到界面中,需要播放时才会有变化。

(3)Movie 属性用于指定 Flash 文件的全路径。若该文件不含盘符和路径,那么就表示 Flash 文件存在与当前演示文稿文件相同的文件夹中。Flash 文件的扩展名为"swf"。

(4)如果 EmbedMovie 属性设置为 TRUE,则在保存演示文稿文件时,该 Flash 文件会自动插入到 pptx(或 pptm)文件中,后续的播放也不再需要对应的 Flash 文件了。

(5)Flash 控件的属性如图 24-3 所示。

(6)用 Flash 控件播放 Flash 文件,不需要任何程序。

(7)Flash 文件可以用"插入-视频"方式直接插入。虽然这样操作简单,但这种方式的 Flash 不能设置属性,也不能像普通视频一样进行剪辑或其他播放设置。

2.插入浏览器控件,实现百度搜索功能。

(1)百度搜索功能需要一个空白幻灯片。

(2)需要一个文本框,用于输入搜索内容,除了大小位置可拖放设置外,其他属性都不需要设置。

(3)需要一个按钮,用于点击后开始搜索,将 Caption 属性设置为"百度一下"。

图 24-3　Flash 控件的几个主要属性

（4）需要一个浏览器控件，控件名为"WebBrowser1"。

（5）浏览器控件的使用需要程序，但程序不在浏览器控件中书写，而是在按钮中书写（即百度搜索是在点击了"百度一下"开始显示搜索结果的，不是在点击下面浏览器区域时显示的）。双击按钮"百度一下"，自动生成的事件就是 Command Button1_Click，刚好是所需的事件（在 CommandButton1 中单击），直接写代码。

Private Sub CommandButton1_Click()

WebBrowser1. Navigate "http://www. baidu. com/s? wd=" & TextBox1

End Sub

（6）程序分析：3 行程序中，前后两行是自动生成的，不需要输入，输入的程序就只有中间一行。"WebBrowser 1. Navigate"就是要浏览一个网址的意思，具体网址由后面的字符串提供，"http://www. baidu. com/s?wd="是百度搜索固定的地址，后面是搜索的内容，由用户输入，即文本框 TextBox1 的内容，". Text"可省略。WebBrowser1 和 Text-Box1 是两个对象的默认名称，可以通过属性修改。在输入程序时，可用 Ctrl＋J 激活对象名称提示，只要输入名称前几个字符，即可进行鼠标双击、空格或用点补全。

（7）浏览器使用：播放 PowerPoint 即可。

（8）保存文件：由于该文件包含程序，只能保存为"启用宏的 PowerPoint 演示文稿（＊.pptm）"文件。如果强行保存成"演示文稿（＊.pptx）"，那么程序将丢失，浏览器将无法使用。

思考:另加一个按钮,用于显示某固定网页,程序如何写?

3.插入条码控件,生成二维码。

(1)Word、PowerPoint 和 Excel 中通用部分。

①插入条码控件 Microsoft Barcode Control 16.0。

②二维码的属性设置有两种,一种是通过单击"开发工具-控件-属性"或"右键-属性表",此属性是通用的控件属性,属性名称为英文;另一种是通过单击"右键- Microsoft BarCode Control 16.0 对象-属性",此属性为专属属性,属性名称为中文,某些属性值也可选择。如图 24-4 所示。

图 24-4　二维码控件的 2 种属性进入方法

③设置 Style 属性为 11,为二维码,不能有汉字。默认 Style 值为 2,是 EAN－13 条码,常用于形成商品的 13 位条码;7 为 Code－128 条码,支持字母。如图 24-5 所示。

图 24-5　二维码控件的普通属性与样式(Style)属性

(2)在 Excel 中设置 LinkedCell 为 A2,设置绑定单元格。

(3)若 A2 单元格中的内容是网址,系统会自动添加为超链,为方便使用,最好用右键把超链取消。若不取消超链,点击会打开超链,长按可选中单元格。

(4)在 Word 中使用二维码控件,还要插入一个文本框用于输入二维码的值。在文本框的 Change 事件中,用程序代码动态设置控件的 Value 值等于文本框的内容。由于 Word 文件中包含程序,文件必须保存为"启用宏的 Word 文档(＊.docm)"。在 Power-Point 中的操作类似,最后需要保存为"启用宏的 PowerPoint 演示文稿(＊.pptm)"。

注:由于某些 Windows 10 的浏览器已经改为 Edge,因此可能无法使用浏览器对象;

同样，Flash 也有可能无法使用。浏览器和 Flash 控件，在 Windows 7＋Office 2010 是可以使用的，其所带的 Barcode 控件是 14.0 版本，只支持条码，不支持二维码。Windows 10 带的 Barcode 控件是 16.0 版本，支持二维码，但不支持内容中含有汉字。

24.2.4 实验步骤

1. 在 PowerPoint 中插入 Flash 文件。

（1）在 PowerPoint 中插入一页幻灯片，单击"开发工具-控件-其他控件"，在对象列表中选择"Shockwave Flash Object"，插入后调整大小和位置。

（2）单击"开发工具-控件-属性"，在 BGColor 属性中输入蓝色的 16 进制编码 0000ff，或在 BackgroundColor 属性中输入蓝色的 10 进制数 255。

（3）先准备好一个 Flash 文件，在 Movie 属性中输入该 Flash 文件的全路径：单击 Flash 文件所在的文件夹上面的地址栏，使光标停在最后，用键盘输入"\"，以及文件名前面部分字母，系统将自动列出匹配的文件，用光标键向下移动到该 Flash 文件（不要用鼠标单击），此时地址栏会显示文件全名，复制该地址，粘贴到 Movie 属性中。

（4）假设 Flash 文件保存在与当前演示文稿相同文件夹中，则 Movie 属性中只需要文件名即可。假设文件名为"Flash.swf"，则 Movie 属性就填"Flash.swf"。Windows 默认设置是不显示扩展名的，属性要为文件名全称。

（5）如果 EmbedMovie 属性设置为 TRUE，即把该 Flash 文件嵌入到 pptm 文件中。

（6）其他属性根据具体情况设置。

（7）播放 PowerPoint 观察效果。

2. 插入浏览器控件，实现百度搜索功能。

（1）重新插入一页，删除所有对象，保留空白页面。

（2）单击"控件-文本框（ActiveX 控件）"插入一个文本框，供输入搜索内容用，其他属性不用修改。

（3）单击"控件-命令按钮（ActiveX 控件）"插入一个按钮，选中按钮后，把 Caption 属性修改为"百度一下"。

（4）在文本框下面插入一个名为"Microsoft Web Browser"的 ActiveX 控件，浏览器对象尽量拉大，属性不需要设置。刚插入的浏览器对象，整个底色是黑色的，这不影响最终显示网页信息。三个对象如图 24-6 所示。

（5）双击按钮"百度一下"，在 Sub 和 End Sub 之间直接输入代码：WebBrowser1.Navigate "http://www.baidu.com/s? wd=" & TextBox1

（6）播放 PowerPoint，单击文本框，并输入内容，单击"百度一下"按钮即可显示搜索结果网页。

（7）另存文件，选择类型为"启用宏的 PowerPoint 演示文稿（＊.pptm）"文件，保存成 pptm 文件。

思考题解答：若显示固定网页，可取消标签与文本框，只留一个按钮，在按钮的单击事件代码 Navigate 后的引号内直接写固定地址即可。

图 24-6　在 PowerPoint 中插入文本框、按钮、浏览器三个对象

3.二维码的生成

(1)插入条码控件 Microsoft Barcode Control 16.0,拖动到适当的大小和位置。

(2)设置 Style 属性为 11。可以在属性窗口中直接设置 Style 属性,也可右击,在"Microsoft BarCode 控件 16.0 对象-属性"中设置。前者是英文属性窗口,后者是中文提示对话框。

(3)在 Excel 的对象属性窗口中,设置 LinkedCell 为 A2,即设置绑定单元格。设置后,修改单元格 A2 的值,二维码会自动刷新。

(4)在 Word 中添加文本框 TextBox1,双击文本框 TextBox1,在 TextBox1_Change 过程中输入程序代码:BarCodeCtrl1.Value=TextBox1。取消"开发工具-控件-设计模式"即可使用,最后保存为"启用宏的 Word 文档(＊.docm)"。在 PowerPoint 中,没有"设计模式"开关,在"放映视图"下就能够执行程序。

第 25 章

宏与 VBA

25.1 知识要点

25.1.1 VBA 简介

MS Office 系列软件中,都内嵌了一个二次开发的编程环境,编程语言为 VBA(Visual Basic for Application)。利用 VBA 编写的程序,可使 Office 系列软件功能增强,甚至可以定制一套 Excel 版的管理系统。VBA 在 PowerPoint、Outlook、Access 等软件中都能使用,本实验以 VBA 在 Word 和 Excel 中的应用为例,做简要介绍。

VBA 和 VB(Visual Basic)的开发环境非常相似、基本语法几乎都相同。VBA 与 VB 的不同处主要是 VBA 程序只能从属于它的宿主应用程序(即 Word 或 Excel),只能在它的环境中使用,不能单独编译成 EXE 文件运行。比起 VB 来,VBA 增加了许多 Word 或 Excel 的内置对象。

25.1.2 VBA 基本语法

VBA 的语法和 VB 是相同的,这里简要介绍几个有关的语法规定。

1. VBA 的标识符(引号外的所有内容,包括:关键字、变量、对象名、属性名、方法名、函数名、过程名等)与大小写无关,大写、小写甚至大小写混合都一视同仁。关键字都会自动转换成为首字母大写、其他小写的名称,变量名都转换成一致,自动转换在光标离开本行时自动执行。

2. VBA 的字符串(或叫字符型数据)与大小写有关,大写和小写代表不同的内容;字符串以一对双引号作为分隔符。字符串内的双引号用两个双引号表示。

3. 一般一行写一条语句,若要一行写多条语句,多条语句之间以冒号分隔。一条语句也可分多行书写,在行尾加空格和下划线,即说明下行为续行。

4. 以单引号开始的为注释语句,可写在语句后,也可单独一行,单引号后的内容将忽略,不做任何语法分析,注释内容以绿色显示。注释语句是不执行的,是给人注释、说明用的。有时若语句临时不用,可加单引号变注释,再次想使用时删掉单引号,语句又恢复。

5. 程序的主要结构有两个,一个 Sub 结构(以 Sub 语句开始,以 End Sub 语句结束),一个 Function 结构(以 Function 语句开始,以 End Function 语句结束)。在 VBA 的语句中,除了个别的语句(如 Dim 语句等)可以放在所有的 Sub 或 Function 块结构的前面外,其他所有的语句都要放在一个 Sub 或 Function 结构内。

6. Sub 结构叫"过程",在 VBA 中也称为"宏"。一个 Function 结构就是一个"自定义函数",函数可以有若干个参数,程序中要给函数名赋值,作为函数的返回值。

7. VBA 是一个面向对象的编程语言,程序中可以使用大量的对象,每个对象又有若干的属性和方法可用,对象名和属性(或方法)之间用点(.)隔开。由于某些属性也是对象型的,因此一个对象中可能会同时使用多个点,这里的点相当于"的"的意思。例:语句 ActiveSheet. Range("A1"). Value＝1 的意思是给当前工作表的 A1 单元格赋值 1。

25.1.3　程序的录入与编辑

1. VBA 集成环境:与宏或 VBA 程序相关的操作都在"开发工具"选项卡下,而"开发工具"选项卡在 Office 的各软件中默认状态下是隐藏的,若需要打开,应在"文件-选项-自定义功能区"中把"开发工具"选中,确定后,"开发工具"选项卡将一直处于可用状态。

要进行录入或修改程序,首先要进入 VB 编辑器(IDE),进入 IDE 可单击"开发工具-Visual Basic"按钮,或按快捷键 Alt＋F11 实现。

IDE 界面的左边是工程窗口,下面一般有 Word 对象(或 Excel 对象)、窗体、模块等几类,程序一般要写在模块下,录制宏后,系统会自动在一个模块下生成程序。若没有任何模块,可直接右击插入一个模块,然后双击进入该模块。

虽然 Word 不能直接使用 Function 自定义函数,但在 Word 宏中是可以调用自定义函数的,因此 Word 中是可以使用 Function 函数的。

宏程序可以直接手工编写,也可以用"录制宏"让系统自动生成宏程序,甚至可以先录制宏程序,然后再进行修改。

2. 模块中程序的插入或修改方法

(1)模块中的程序可在 IDE 中直接修改,也可直接添加一个或多个 Sub 或 Function 结构的程序。输入 Sub 或 Function 行后,会自动出现 End Sub 或 End Function 行,编写的程序要在这两行程序之间输入。Sub 和 End Sub、Function 与 End Function 都必须配对使用,多个 Sub 或 Function 结构的先后顺序无关。

(2)程序可以从其他文件中复制粘贴到 IDE 中。如果粘贴完整的 Sub 结构,一定要粘贴到 End Sub 之后,或 Sub 之前,切勿粘贴到某 Sub 和 End Sub 之间,Sub 结构是不能嵌套的。

(3)点击 Word 的"开发工具-代码-宏",在宏对话框中,选择一个宏后,可以进行编辑或删除,也可输入一个宏名后,直接创建一个新的宏(自动生成 Sub 和 End Sub 头尾语句)。

(4)从外部文件导入:右击 IDE 左边的工程窗口,选择"导入",允许把扩展名为 bas 的文件(VB 模块代码)导入到模块中,或把 frm 文件导入到窗体中(VB 界面,包括窗体控件和程序,细节本书不讨论)。同理,模块代码也可导出为 bas 文件保存。

25.1.4　录制宏

录制宏,就是系统把对文档的操作记录下来,转变成程序,录制的程序可重新执行。

录制宏的步骤：单击"开发工具-录制宏"选项卡下的"录制宏"，根据提示选择快捷键或工具栏按钮，再设置宏的保存位置，开始后会将操作都录制下来，直到单击"停止录制"。

1. Word 录制宏功能。Word 录制宏，可录制各种按键及鼠标操作功能区中的按钮操作功能，但一般无法录制鼠标在文档中的选择等操作，应该尽量用键盘实现选中的操作。宏保存在"所有文档 Normal.dotm"（即通用模板）中时，以后对任何文档都能起作用；当保存在"当前文档"中时，只对当前文档起作用。录制时可直接将宏指定到一个快速访问工具栏按钮中。如图 25-1 所示。

图 25-1　Word 录制宏界面

2. Excel 录制宏功能。Excel 录制的宏，可通过选中单元格的操作来录制，但会录制成绝对引用的单元格选中，一般不通用，因此一般也尽量不用鼠标选择单元格。选择宏保存在"个人宏工作簿"中时，系统会自动把程序保存在启动目录的 personal.xlsb 文件中，以后每次启动 Excel 时，都会自动打开此文件，宏对其他工作簿也能起作用了。若选择保存在"当前工作簿"中，则宏只能对当前工作簿起作用。如图 25-2 所示。

25.1.5　宏程序的运行

要执行一个宏，有多种办法，如果录制时已经指定了快速访问工具栏按钮，或

图 25-2　Excel 录制宏界面

者指定了快捷键,那么直接单击按钮或按快捷键就可以了。如果没有,还有几种方法可执行这个宏:

1. 单击"开发工具- Visual Basic"(或快捷键 Alt+F11)进入 VB 编辑器,使光标停在一个 Sub 结构内,直接点击工具栏中的运行宏按钮 ▷(或按 F5 键)来运行。但 Function 结构是不能直接运行的,它只能由其他程序调用。

若程序运行过程时间较长(如中间有对话框等),可以单击暂停按钮 ❚❚ ,或按 Ctrl+Break 键中断(暂停)程序;中断后的程序可继续执行。按停止键 ■ 后的程序只能从头开始。但录制的宏,一般不会出现长时间运行的情况。

2. 单击"开发工具-代码-宏",在对话框中选择一个宏后,再单击"运行",甚至可以"单步执行"。

3. 添加宏到快速启动工具栏,或自定义功能区中单击执行,也可定义到某快捷键中,以按键执行。

(1)宏程序,可以在 Word 或 Excel 中添加到选项卡的自定义组中,步骤:单击"文件-选项-自定义功能区"(或右击工作区,选"自定义功能区"),选择命令"宏",在右面选择主选项卡,在某功能区中新建一个自定义的组,就可添加到该组中去了,添加后可修改图标和名称。如图 25-3 所示。

(2)宏添加到"快速启动工具栏"的办法:单击"文件-选项-快速访问工具栏"(或在快速访问工具栏最右边下拉列表,选"其他命令"),选"宏",添加一个宏到右边列表中。由于快速访问工具栏固定存在,使用更方便,内置功能或宏都可添加到快速访问工具栏中。

(3)若 Word 在录制宏的时候未指定快捷键,那么可在录制后在"自定义功能区"下面的"键盘快捷方式"的"自定义"中定义,如图 25-3 所示。这个"自定义"在 Excel 选项中是没有的。

图 25-3 把宏添加到功能区的自定义组中

(4)若 Excel 录制时未设置快捷键,事后要设置,可通过单击"开发工具-宏-选项"进行设置。这个"选项"功能,在 Word 的"宏"中是不存在的。如图 25-4 所示。

图 25-4　Excel 中重新对宏指定快捷键的方法

25.1.6　宏的安全性

既然宏由程序组成,程序也就可以有破坏或自动复制功能,因此执行宏是有安全隐患的。老版的 Word 或 Excel,扩展名为 3 个字母,所有文档或工作簿文件都能直接保存宏程序,从文件扩展名上无法判断是否有宏程序在里面。而新版对是否有宏的文档或工作簿进行不同处理,docx 和 xlsx 文件只能保存没有宏程序的文档或工作簿,有宏的文件必须保存成"启用宏的文档"(或工作簿),即 docm 或 xlsm 文件。也就是说,4 个字母扩展名的,且以 x 结尾的文件肯定是没宏程序的,以 m 结尾的才有可能有宏程序。若把有宏的文档直接保存成默认的 Word 文档,系统将有警告提示,强行保存会丢失宏程序。

在"开发工具-宏安全性"下的宏设置中,可对宏的执行进行设置,默认设置情况选项是"禁用所有宏,并发出通知",用新版软件打开一个带有宏的文档,系统会有一行黄色提示,只有单击了"启用内容",文档中的宏才能使用,否则任何宏均无法使用;"禁用所有宏,并且不通知"则完全无法使用宏;"启用所有宏"则太不安全。一般情况下,默认情况比较合适。如图 25-5 所示。

某些杀毒软件,会把有宏程序的文档或工作簿,认为有疑似病毒而清除。若出现这种情况,应该设置病毒白名单或者关闭杀毒软件,防止杀毒软件的误杀。

图 25-5　宏安全性设置及默认的警告提示

25.1.7　Excel 函数与 VBA 函数及相互调用

这里有 3 种函数:①Excel 函数,也叫 Excel 工作表函数,是单元格计算中使用的函数,总共有 400 多个;②VBA 内部函数,是 VBA 系统提供的在程序中使用的函数,总共有 100 多个;③VBA 自定义函数,用 Function 定义的函数,数量可用程序无限扩充。VBA 函数包括内部函数和自定义函数,在 VBA 中都可直接使用。

本部分内容只适用于 Excel 的 VBA,由于 Word 中无法直接使用 VBA 的自定义函数,因此与 Word 无关。

1. 函数用法的异同点。这两种函数,使用场合不同,但使用方法差不多,但有小区别:Excel 函数,若无参数,则必须有空括号;而 VBA 函数,无参数,则不需要空括号(程序中若输入空括号,编辑器会自动去掉);两种函数都是大小写无关的,对于 Excel 函数系统会自动处理成全大写,VBA 内部函数系统会自动处理成首字母大写,自定义函数名会自动处理成和 Function 定义的一致。

2. 函数功能的区别。函数的功能,大部分名称相同的,功能也相同;但也有少量函数,虽然名字相同,但功能是不同的。如:

Round 函数,两者都有,参数一样,功能也类似,但有微弱差别,在 Excel 函数中是四舍五入,而在 VBA 函数中则是"四舍六入五成双"(结果最后 1 位成偶数,如 1.5 和 2.5 用 VBA 的 Round 取整后,结果都是 2);

用年月日,合成一个日期的函数,Excel 用 Date 函数,VBA 用 DateSerial 函数;取当前日期,Excel 用 Today 函数,而 VBA 用 Date 函数。两个 Date 函数,功能完全不同。

函数名不同,而功能相同的,则有如 Excel 的 IF 函数和 VBA 的 IIF 函数。

3. VBA 调用 Excel 函数。由于 Excel 函数远远多于 VBA 函数，并且功能很强，因此若 VBA 本身没有该函数，而 Excel 有对应的函数，VBA 是可以调用 Excel 函数的，如求最大值、求和等函数，方法是在 Excel 函数前加"Application. WorksheetFunction."来调用即可，而"Application."还可省略。如：调用 Max 函数可用"WorksheetFunction. Max(1，7，3，5)"。

4. Excel 中调用 VBA 中的自定义函数。Excel 公式中可以调用文件模块中的自定义函数（Function 函数）。如果函数存在当前文件的模块中，或者是在加载宏中，那么可直接调用；若是要调用其他已打开的文件模块中定义的函数，则需要在函数前加三维引用方式来调用，即"文件名! 函数名(参数)"的格式调用。

能在 Excel 中调用的函数或能执行的宏，其文件必须已经打开，未打开的文件是无法使用的。"Excel 启动文件夹"中的文件，在 Excel 启动后会自动打开，说明任何文件均可使用（但要加文件名前缀）。

5. Excel 调用 VBA 的内部函数。Excel 是不能直接调用 VBA 的内部函数的，若需要调用，可以先编写一个自定义函数，再在程序中调用内部函数，这样 Excel 就可间接调用 VBA 内部函数了。

25.1.8　Excel 单元格及工作表的表示方法

本部分只在程序中使用，对编程有兴趣的，可以参考。

Excel 单元格是最常用的一个对象，对象名叫 Range，表示方法也有多种，代表 1 个或若干个单元格组成的数组。Range 对象的表示方法如表 25-1 所示。

表 25-1　程序中单元格的表示方法

表示方法	代表单元格	说明
Range("A1")或[A1]	单元格 A1	Range 可简化成[]来表示
Range("A1:C6")或[A1:C6]	A1 与 C6 对角的 18 个单元格	用两个对角单元格，冒号分隔的 1 个参数组成矩形区域
Range("A6","C1")	同上	用两个对角单元格、2 个参数组成矩形区域
Cells(1,2)或 Cells(1,"B")	第 1 行第 2 列，即 B1	行用数值，列可用数值或字母
[A1:C6].Offset(1,2)	移动 1 行 2 列，即[C2:E7]	可移动负数行或列，结果行列数量不变
[A1].Resize(2,3)	扩展为 2 行 3 列，即[A1:C2]	改变行列数量，Resize 中的两个值就是最终行列数

VBA 中的对象，有一个属性是默认属性，可以省略不写。Range 对象的默认属性是 Value，即单元格的值。即 Range("A1"). Value 可直接写成[A1]。

若一个单元格 Range 对象，未指定工作表，则是指程序所在的工作表（当程序写在某工作表中时）或者是指当前已经激活的工作表（程序在某模块下时）。

工作表的表示方法也有多种，如表 25-2 所示。工作表是对象，后面还可跟"."与单元格的表示方法。

表 25-2　工作表的表示方法

表示方法	说明
ActiveSheet	当前激活的工作表
Worksheets("Sheet1")	用 Worksheets 对象及名称指定
Worksheets(1)	用 Worksheets 对象及序号指定(从左到右,序号从 1 开始)
Sheets("Sheet1")或 Sheets(1)	也可用 Sheets 代替 Worksheets,两者略有区别, Sheets 对象还包括 charts 等对象
Sheet1	直接以工作表名称表示

工作表前还可增加工作簿前缀,之间还是以点“.”为分隔符。工作簿的指定方法也有多种,如表 25-3 所示:

表 25-3　工作簿的表示方法

表示方法	说明
ActiveWorkbook	当前激活的工作簿
ThisWorkbook	程序所在的工作簿
Workbooks("book1.xlsx")	以文件名指定工作簿
Workbooks(1)	以序号指定工作簿

25.1.9　加载宏

1.加载宏的作用。VBA 编写的自定义函数,可以供 Excel 工作表调用,这样就可无限扩展 Excel 的函数,使其应用更广泛但若函数是写在 a.xlsm 文件中,而应用是在 b.xlsx 文件中,那么每次在应用公式中,必须要在函数前写上文件名,显然这很麻烦,即公式要用这种方式书写:“＝a.xlsm!myfun(a1)”,而且使用前还要打开该文件(若文件放启动文件夹下会自动打开)。

为了解决这个麻烦,Excel 提供了加载宏的功能,加载宏文件在启动 Excel 的时候会自动加载,而且引用的时候不再需要在函数前加文件名,可直接使用。

2.加载宏的制作。若需要自己制作加载宏,只需在 Excel 的模块中编写自定义函数,把 Excel 另存为“加载宏文件(＊.xlam)”即可。加载宏文件只需要相应的 VBA 程序,一般不需要 Excel 的工作表内容,因此,编写加载宏程序时,可以不管保存时工作表中的内容。加载宏文件只有放在特定的文件夹下时,加载宏文件才能起作用。另存为加载宏文件时,文件夹会自动切换到该文件夹下。加载宏的默认文件夹是:C:\Users\用户名\AppData\Roaming\Microsoft\AddIns。如图 25-6 所示。

将文件保存到加载宏文件夹下,重新启动 Excel,此文件就会自动加载,而且文件是隐藏的。为了能直接使用该文件中的自定义函数,还需要在加载项中选中该文件,方法是:单击“开发工具- Excel 加载项”,在弹出的对话框中选中相应的文件即可。

图 25-6 另存为加载宏对话框

如果加载宏文件是从别的机器复制来的，先放任意文件夹下（或在 U 盘中），在文件夹里复制该文件，然后打开 Excel，单击"开发工具‒Excel 加载项"，再点击"浏览"，就可直接把文件粘贴到加载宏文件夹下，这样复制文件和选择文件可一次完成。浏览加载宏后，再打勾选中对应加载宏即可。

25.1.10 工作簿与工作表事件

普通 Sub 过程（宏）的名称可以任意起名，宏可以被执行，或在程序中被调用。还有一种特殊的过程名，指特定的事件。当工作簿或工作表发生某种事件，就会自动执行对应的过程。如：Workbook_Open 事件为"打开工作表时"自动执行，Workbook_SheetChange 事件为"工作簿中任何单元格内容改变时"自动执行。这种事件程序的过程名不用输入，可以直接选择：①双击工程窗口的"ThisWorkbook"，②选择代码窗口左边列表框选择"Workbook"，③在右边选择相应事件。程序的 Sub 与 End Sub 行会自动生成，在其中写代码即可。工作簿事件对本工作簿的所有工作表有效。

同样，工作表也有事件，工作表事件只对指定的工作表有效。使用方法类似，先在工程窗口中双击某个工作表，再在代码上端左边选 Worksheet 对象，在右边选事件名，然后在下边写代码。如图 25-7 所示。

图 25-7 选择工作簿事件

选择事件后，自动生成的 Sub 语句前面会增加一个单词 Private，指"私有"的意思，即不同的工作簿或工作表，事件名称会相同，但它被限制在当前工作簿或工作表中使用。

25.2 实　验

25.2.1　实验目的

1.掌握 VBA 及宏的基本概念；

2.掌握录制宏的方法；

3.掌握 VBA 程序的查看、修改、导入的方法；

4.能看懂简单的 VBA 程序；

5.能修改简单的 VBA 代码；

6.掌握 Excel 调用 VBA 自定义函数的方法；

7.掌握加载宏文件的制作步骤与使用方法；

8.了解工作簿事件程序的作用与代码编写方法。

25.2.2　实验内容

1.在 Word 中录制宏,实现删除当前行功能。显示在快速访问工具栏中,名称为"删除行",任选一个图标,保存在通用模板 Normal.dotm 中。

2.Word 朗读程序。宏名为 DocSpeak,实现朗读选中文字的内容功能。程序保存在 Normal.dotm 中,把此宏功能添加到快速访问工具栏中,图标自选,内容为"朗读选中文本"。输入或粘贴一段中英文文本,选中进行测试。

3.录制 Excel 宏,对不及格数据用红字显示。宏名为"bujige",保存在个人工作簿中,设置热键为 Ctrl+q,实现功能:从当前选中单元格开始,一直向下选中到最后,设置所有选中内容的格式,数值小于 60 的,用红色字显示。

4.Excel 朗读程序。在个人宏工作簿中编程,实现依次朗读 Excel 选中单元格内容功能,宏名为"XlsSpeak"。把宏功能添加到快速访问工具栏中,图标自选,内容为"朗读选中单元格"。可输入若干姓名,选中后朗读测试。

5.闰年判断:在个人宏工作簿中编写函数 RunNian(n),判断 n 年是否是闰年,返回"闰年"或"平年"。然后在其他工作簿中调用,显示相应结果。

6.加载宏的实现:

(1)编写一个加载宏程序,内有 3 个自定义函数,分别是根据身份证号码,获取号码校验和(IDCheck 函数)、出生日期(IDBirth 函数)和性别(IDSex 函数)的功能。程序从给定的文件"ID.BAS"中导入到模块中。

(2)复制 IDSex 函数,粘贴并改名为"取性别",把参数 IDNo 改为中文"身份证号码"。

(3)将程序保存为加载宏,文件名为"myaddins.xlam"。

(4)打开给定的文件"身份证.xlsx",根据 A 列中的身份证号码,用这 3 个函数,分别计算校验和、出生日期和性别,放在对应的 BCD 列下,并验证信息,正确身份证号码的校验和是 0,其他都是错误的。同时增加若干真实身份证号码来验证 3 种信息。用中文函数名获取性别,同样填写到 E 列中。

(5)选中多个身份证号码,调用宏"身份证号码检查"来检查身份证号码是否正确。

7.用工作表事件程序,实现两列单元格的相互计算:当在 A 列中输入值,则自动计算 B 列值,在 B 列输入值时,则自动计算 A 列值,置换关系为 B 列是 A 列的 2 倍。

25.2.3　实验分析

1.删除一行,用键盘操作,需要 3 次按键:Home、Shift+向下、Delete。就录制这 3 次按键即可。录制的代码如下:

```
Selection. HomeKey Unit:=wdLine
Selection. MoveDown Unit:=wdLine, Count:=1, Extend:=wdExtend
Selection. Delete Unit:=wdCharacter, Count:=1
```

代码分析:宏代码除了前面的注释外,有 3 行代码,刚好对应的是录制时按的 3 个按键的执行功能,可直接修改程序,局部调整功能。譬如一次删除 2 行,只需将 MoveDown 行的内容改为"Count:=2"即可。

2.Word 朗读程序:Word 本身没有朗读功能,需要调用 Excel 相应功能,程序如下:

```
Sub DocSpeak()
    Set sp = CreateObject("excel. application")
    sp. Speech. Speak Selection. Text
End Sub
```

3.从当前选中单元格开始,录制向下选中本列全部单元格。录制时不能用鼠标选单元格,向下选中需要用键盘实现,即 Ctrl+Shift+向下。其余用条件格式,可以用鼠标单击功能区,数据也可用键盘输入。

4.Excel 本身有朗读功能,可直接使用。要循环朗读选中的每个单元格,程序如下:

```
Sub XlsSpeak()
    For Each s In Selection
        Application. Speech. Speak s. Value
    Next
End Sub
```

5.闰年函数程序如下:

```
Function RunNian(n)
    If (n Mod 4 = 0 And n Mod 100 <> 0) Or (n Mod 400 = 0) Then
        RunNian = "闰年"
    Else
        RunNian = "平年"
    End If
End Function
```

程序说明:在 VBA 中,Mod、And、Or 和"+""−"一样,都是运算符,不是函数,内容直接放前后,而在 Excel 中,Mod、And、Or 都是函数。VBA 的运算符优先级别是"+、一"→"=、<>"→"And"→"Or",因此程序中的 2 个括号都可省略。

6.加载宏文件编写。

(1)Bas 文件可直接导入到 VBA 中。

(2)复制成另外的函数后,如果要更改函数名与参数,则该函数程序中对应的变量要全部修改,保持一致。

(3)工作簿可另存为加载宏,加载宏只需要程序,不需要 Excel 工作表的内容,工作表内容可任意。

(4)加载宏起作用后,里面的函数可直接由 Excel 工作表的单元格使用,使用方法同 Excel 函数。用身份证号码校验和返回值:0 为正常号码,大于 0 为非法号码,一1 代表位数不正确。

(5)身份证号码检查:把加载宏中的"身份证号码检查"宏添加到快速访问工具栏中。检查方法:先选中若干需要检查的身份证号码,单击"快速访问工具栏"中的相应按钮,当遇到错误身份证号码(校验和错误或位数错误)时,光标会停留在相应单元格,并提示错误信息。

7.工作簿事件。这种互相计算,可以通过工作簿事件"Workbook_SheetChange"来实现,当任何单元格的值发生变化时,都会自动执行该事件程序,判断发生变化的是哪列,分别计算。程序代码必须直接放在工程的 ThisWordbook 中,不能放在模块或其他工作表中。程序如下:

Private Sub Workbook_SheetChange(ByVal Sh As Object,ByVal Target As Range)

If Sh. Name <> "Sheet1" Or VarType(Target. Value) = vbString Then Exit Sub
若非 Sheet1,或者单元格是字符型,则不做任何事情,直接退出

r = Target.Row 行号

c = Target.Column列号

If c = 1 Then Cells(r, 2). Value = Target. Value * 2 第 1 列变化,则计算第 2 列

If c = 2 Then Cells(r, 1). Value = Target. Value/2 第 2 列变化,则计算第 1 列

End Sub

程序也可用工作表的 Change 事件实现。程序差不多,即方法名为:Worksheet_Change。这里就不详细介绍了,请读者自己思考哪里需要修改。

25.2.4 实验步骤

1.录制删除行的 Word 宏。

(1)录制宏步骤如下:

①由于在录制过程中,也同时对文档进行操作,因此录制前,先在文档中任意输入几行文字。

②将光标停在某行中,按"录制宏",重新为宏起个名字,如:"DeleteLine"。

③选择工具栏,可把宏功能放在"快速工具栏"下。选中左边对应的宏名,添加到右边列表中,选中并单击修改按钮,设置显示名称为"删除行",并选择一个合适的图标,点击确

定后开始录制。录制状态下,鼠标形状为录音带加箭头,可以指示当前处于录制状态。

④依次按 Home、Shift+向下、Delete 三种键。

⑤按"停止录制"。

(2)使用已录制的宏:把光标定位到任一行位置,单击录制时指定的快速访问工具栏,或者使用快捷键,就能直接删除光标所在的行。

2.直接编程完成朗读 Word 选中内容功能。

(1)程序的录入:在 Word 的 VBA 左边的工程管理器中,展开"Normal.dotm",双击任何一个模块,输入程序(或粘贴程序),也可以直接导入 bas 文件。

(2)创建快捷工具栏:单击快捷工具栏最右边的下拉三角,选择"其他命令",在位置列表中,选择"宏",找到"DocSpeak",点击"添加"按钮,把该宏添加到快捷工具栏中。添加后单击"修改",重新设置按钮图标和显示名称。

(3)朗读文章:先选中文字,直接单击快速访问工具栏图标即可朗读。在电脑有音箱或耳机的情况下,会听到朗读声。如软件安装有问题,个别电脑运行会出错,可能需要修复才能使用。

3.录制 Excel 宏,将不及格数据用红字显示。

(1)录制准备工作:先在某列任意输入几个数据,包含 60 以上和以下,然后选中开始单元格。

(2)单击"录制宏",输入宏名称为"bujige",设置快捷键 Ctrl+Q,选择保存在"个人宏工作簿",单击"确定"开始录制。录制开始后,除单击功能区中的按钮外,不要在单元格中单击鼠标,直接用键盘操作:先用 Ctrl+Shift+向下组合键,选中内容,再单"开始-条件格式"进行设置,设置单元格值小于 60 时字体为红色。设置完后,单击"开发工具-停止录制"。

(3)使用录制的宏:把光标停留在一列数据的开头,按 Ctrl+Q,即可把整列数据设置成 60 以下显示为红色。

4.编程完成朗读 Excel 选中单元格内容:除了程序不同,VBA 环境不同,其他操作几乎和 Word 朗读完全一致。个人宏工作簿是"PERSONAL.XLSB"。

5.编写自定义函数程序。

(1)在"PERSONAL.XLSB"的模块中输入程序。

(2)调用时由于程序不在当前文件中,必须加文件名前缀和感叹号,单元格中调用方法是:=Personal.xlsb! RunNian(B2)。

6.加载宏的实现。

(1)新建 Excel 文件,工作表中不用输入任何内容。直接按 Alt+F11 切换到 VBA 编辑器,右击当前工作簿,单击"导入文件",选择 ID.BAS 导入,双击导入生成的"模块 1",在编辑窗口中可查看、编辑程序。

(2)修改中文名称和中文参数函数。找到函数 IdSex,把整个函数内容(Function 到 End Function 之间)复制粘贴一次,把其中一个函数名"IdSex"全部改为中文"取性别"(2处),把参数"ID"全改为中文"身份证号码"(2 处),这样功能相同的另一个函数产生了。如图 25-8 所示。

办公软件高级应用实验指导(第二版)

```
Function IdSex(ID) As String
Dim n%
n = Mid(ID, 17, 1) Mod 2
IdSex = IIf(n = 1, "男", "女")
End Function
```

```
Function 取性别(身份证号码) As String
Dim n%
n = Mid(身份证号码, 17, 1) Mod 2
取性别 = IIf(n = 1, "男", "女")
End Function
```

图 25-8　自定义函数名与参数均可使用中文

(3)保存为加载宏文件。导入程序,并对程序进行编辑后,可关闭 VBA 编辑器,返回 Excel 窗口,把 Excel 文件另存为"加载宏文件"。在文件类型中选择加载宏(＊.xlam),此时文件夹会自动切换到加载宏文件夹,不要再切换到其他文件夹,直接输入文件名"my-addins",保存、关闭并重新启动 Excel。

重启 Excel 后,单击"开发工具-加载项",选中"myaddins",点击确定。

此加载项即会自动加载,但工作簿不会显示,在所有 Excel 工作簿中,均可像 Excel 的工作表函数一样直接使用,而且在输入"＝"后,函数名也会和普通 Excel 工作表函数一样,自动提示。单击 fx 后也有函数提示,只是这样的函数没有详细的帮助信息。如图 25-9 和图 25-10 所示。

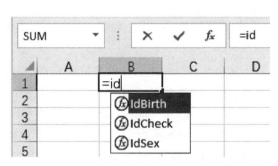

图 25-9　使用加载宏中的自定义函数

图 25-10　自定义函数可以使用提示对话框,但没有详细帮助信息

206

(4)工作表中使用加载宏中的函数。打开给定的工作簿文件,工作表 A 列中包含若干 18 位身份证号码,使用加载宏中的自定义函数,根据身份证号码获取相应信息;

在 B2 中输入公式"＝idcheck(A2)",得到"校验和",并双击填充柄复制;

在 C2 中输入公式"＝idbirth(A2)",得到"出生日期",并双击填充柄复制;

在 D2 中输入公式"＝idsex(A2)",得到"性别",并双击填充柄复制;

在 E2 中输入公式"＝取性别(A2)",得到"性别",并双击填充柄复制;

(5)身份证号码检查。把加载宏中的"身份证号码检查"宏添加到快速访问工具栏中。选中多个身份证号码单元格,然后单击快速访问工具栏中对应的按钮,执行宏。如遇到非法身份证号码时会有提示。

7. 两列互相计算。

(1)新建 Excel 文件,打开 VBA 环境,双击工程中本文件的"ThisWorkbook",右边上方有两个下拉列表,左边"通用"重新选择"Workbook",右边"声明"重新选择"SheetChange",自动生成首尾语句,在其间输入相应程序。如果整体复制上述给定的程序,则不需要上述选择,直接粘贴全部程序即可。若程序通过导入实现,则需要把模块中的程序重新剪切到 ThisWorkbook 才可以。

(2)程序效果实验:在 Sheet1 的 A 列或 B 列分别输入数据,观察另一列的数据变化。

(3)将整个 Excel 文件保存成"Excel 启用宏的工作簿(＊.xlsm)"文件,下次再进入也可使用程序。

第 26 章

WPS 的使用

26.1 知识要点

26.1.1 WPS 介绍

1. WPS 的全称为 WPS Office,是由金山软件股份有限公司自主研发的一款办公软件套装,可以实现办公软件最常用的功能。以往版本的 WPS 和 MS-Office 一样,也有一个主版本号,如 WPS 2016、WPS 2019 等。由于 WPS 版本会不定时地进行升级,从 2021 年起,WPS 已经不再标注版本名称。WPS 家庭成员有 WPS 文字(对应 Word,扩展名为 wps)、WPS 表格(对应 Excel,扩展名为 et)、WPS 演示(对应 PowerPoint,扩展名为 dps)、金山 PDF(PDF 文件阅读和转换)等多种应用模块,如图 26-1 所示。

图 26-1　WPS 的家庭成员

2. WPS 体积小巧,各种版本的安装软件比 MS-Office 小很多,安装非常快速。WPS 有强大的插件平台支持、免费提供海量在线存储空间及文档模板。

3. WPS 全面兼容 MS-Office 各种版本的 doc、docx、xls、xlsx、ppt、pptx 等文件格式,可直接打开这些文件,WPS 保存的这些文件,Office 软件也能直接打开。在 WPS 安装时,可直接设置保存为 Office 兼容格式,即保存时的文件类型默认为 docx、xlsx 及 pptx。WPS 的操作界面也和 Office 非常相似,容易学习使用,甚至连 Excel 的函数、VBA 编程接口,WPS 都能兼容。

4. WPS 提供"云"存储功能,可随时在电脑、手机等设备间共享文件。

5. WPS 支持众多中文特有的功能。WPS 提供许多 MS-Office 不具备的功能、控件,提供大量模板、素材和知识库,可以方便生成具体应用,以及不断扩充本身的功能等。

6. WPS 有 Windows、Linux、Android、IOS 等多个平台的版本,WPS 支持桌面和移动办公。Android 版或 IOS 版,适用于智能手机、平板电脑、智能电视等多种设备,随时随地移动办公。并包含文字、表格、演示等组件,完美支持各种 Office 格式文档的查看及编辑。

WPS 同时支持 QQ、微信等社交媒体的团队共享,可随时随地移动办公。

7. WPS 根据收费及方式不同,有不同的版本,有个人版、专业版、租赁版、教育版等。个人版完全免费,但部分功能可能有限制。

26.1.2 WPS 总体界面简介

1. WPS 有两种运行模式:多组件模式和整合模式。WPS 默认的是整合模式。

(1)在多组件模式中,和 MS-Office 相似,WPS 文字、WPS 表格、WPS 演示等,都是分开的组件,每种组件有一个桌面快捷图标,每种组件是一个任务。在多组件模式下,也能够新建其他模块的文件,但每种文件占用一个任务,每个文件占用一个选项卡。文件选项卡最左边的开始选项卡,显示的是"WPS 文字"等内容。

(2)整合模式中,WPS 是一个总模块,可同时打开或新建 WPS 文字、WPS 表格或 WPS 演示文件,桌面图标也只有 1 个。所有打开的文件,各占用一个选项卡,总体在一个任务中。整合模式支持工作区功能,可方便管理多文档。文件选项卡最左边的开始选项卡显示的是"首页"。如图 26-2 与图 26-3 所示。

图 26-2 两种运行模式的界面区别

图 26-3 WPS 的 2 种模式的开始菜单和图标

2. 若需进行模式切换,可单击"主页"右上方的全局设置(齿轮图标 ⚙),或单击 Windows 开始菜单的"WPS Office-WPS Office 工具-配置工具",然后在"配置和修复工具-高级-其他选项"中设置。设置后,重新启动 WPS,即可生效。

3. WPS 也和 MS-Office 一样,以功能区、选项卡、组的方式安排各种操作。同样单击每组右下角的小图标,可弹出该组的总对话框,一般包含本组的所有功能。但 WPS 中并

图 26-4　运行模式的切换

不显示各组的名称。与 MS-Office 一样，WPS 功能区中除了"开始""插入"等固定的选项卡外，也有关联选项卡，即当选中一个对象，与此对象关联的选项卡可以切换出来使用，如选中图形对象，就会有"图片工具"选项卡可以使用。WPS 和 MS-Office 一样，也有快速访问工具栏，也有文件选项卡。快速访问工具栏右边是各种文档选项卡(这里的文档泛指文字、表格和演示，或叫工作区选项卡)。

　　另外，MS-Office 的选项卡及其各项功能，在同一版本下是固定的。而 WPS 哪怕一次小升级，功能界面也有可能发生变化。因此本书所讲述的内容，有可能在后续版本中会有变化，这都是正常现象。

　　4. 文档选项卡前面的"稻壳"选项卡，可提供网上的各种资源信息，是一个虚拟文档，可以切换查看，也可以直接关闭。

　　5. 文档选项卡最后一个"＋"号，就是新建文档。可通过单击选项卡标签后面的"×"或者双击标签来关闭文档。如图 26-5 所示。

图 26-5　WPS 的功能区、快速访问工具栏和文档选项卡

　　6. 和 Office 一样，WPS 一样有"视图"选项卡和状态栏右侧小图标，可设置一些显示方式。除了常规的和 MS-Office 大同小异的多种视图模式外，WPS 文字和 WPS 表格还有"护眼模式"和"夜间模式"，可调节显示亮度以适应眼睛。与 MS-Office 相比，WPS 文字增加了全屏视图。

　　7. WPS 的任务窗格，包含多种对话框，可停靠在左右两边，可缩放成右边一条竖线，也可只显示图标，还可把其中正在显示的任务窗格单独移到文档区(不占用任务窗格位置)。任务窗格有：新建、样式(文字)、动画(演示)、切换(演示)、选择、形状、属性、限制(文字)、分析(表格)、传图、推荐、分享、工具、备份、帮助等。WPS 甚至可以自定义任务窗格。

26.1.3　WPS 的"开发工具"

1. 从选项卡中的功能来看,WPS"开发工具"中的功能和 MS-Office 对应的功能非常相似。WPS 的"开发工具"默认是显示的,而 MS-Office 的"开发工具"默认是隐藏的。

2. 从本质上讲,WPS 用的还是和 MS-Office 相同的 VBA 软件,所以 WPS 才能做到连 VBA 程序都能完全兼容 MS-Office。

3. 为 Office 开发安装的 Excel 加载宏文件,在 WPS 中也能使用,WPS 同样会自动出现加载项选项卡。

4. 由于版权方面的原因,WPS 从 2021 年开始,引入了 JSA 语言,用于 WPS 的二次开发,VBA 反而成了可选的组件,默认采用 JSA。JSA 是 JavaScript for Application 的缩写,语法整体移植于 JS。若需要使用 VBA,则需要下载安装 VBA 7.0 版本,然后单击"切换到 VBA 环境"即可。当系统没安装 VBA 7.0 时,选项卡中是没有"切换到 VBA 环境"的。

26.1.4　WPS 的"云服务"

1. "会员专享":WPS3 个模块的功能区中,以往版本都包含一个单独的"云服务"选项卡,后来改为了"会员专享"。其中某些功能一般要在联网且登录账号的情况下才能使用,有些功能需要会员用户(收费用户)才可使用。只要注册账号并登录,每个用户就同时拥有了 WPS 网盘,免费拥有 1G 空间,升级成会员后,空间还会增大。只要文档保存在网盘空间中,即使更换设备(电脑或手机),用同一账号登录,文件就会自动同步。

2. WPS 办公助手:WPS 软件中还有一个单独的模块,名为"WPS 办公助手"的管理器,管理 WPS 网盘中的文档。在系统托盘中,双击 WPS 办公助手图标 W 即可启动。"WPS 网盘"是一个虚拟文件夹,直接存在于"计算机"中,映射到硬盘中的一个实际文件夹。可对它直接进行拖放、复制、移动、改名、删除等操作,在"WPS 办公助手"的管理下,可自动把文档同步到云中。另一种操作方法是在 WPS 中,直接打开或另存到"我的云文档"中,和操作本地硬盘中的文件夹是一样的。对于 WPS 的所有模块,其默认的保存文件夹就是"我的云文档"。即使不用 WPS 来编辑文档,WPS 办公助手也可单独使用,用它管理 WPS 云盘的存储。

3. "分享":把 WPS 文件通过网络链接分享可分享给 QQ 好友、微信好友、手机,也可通过邮件发送分享,或者只复制链接分享。如果文档保存在本地硬盘,在"分享"时,需要 WPS 网盘作为实际存储,因此系统会将文档自动上传至 WPS 网盘中,并自动生成一个链接供分享,如图 26-6 所示。好友得到分享链接后,可直接打开浏览文档内容,或者直接在浏览器中浏览,不需要安装 WPS 软件。若需要"分享-发送到手机"正常使用,必须在手机上安装 WPS 软件(安卓或 IOS 版 WPS),而且手机必须用相同的账号登录。那么在发送后,通过手机打开 WPS 时,可以自动下载并打开 WPS 网盘中的文件。

图 26-6　WPS 的分享功能

4. "协作":是指同一账号下,多个设备间可共享,文档可修改,或者匿名阅读。团队协作,可以让不同的账号间,真正实现团队内人员随时随地办公。团队的建立者还可以设置每个成员的使用权限,实现虚拟化团队管理。

5. "划词翻译":是个开关按钮,开关打开后,只要选中文本,直接就有英文或中文翻译出现在光标位置。如果翻译窗格是打开的,同时也会在窗格中显示。翻译的语言默认是自动识别,以中英互译为默认语言,也可在翻译窗格中手工选择翻译的语言。

6. "PDF 转 Word":把 PDF 转换成 Word 文档。可能有一些特殊格式的 PDF 文件会转换失败,对于无法转换的文档,系统还会提示尝试用加强版进行转换。即使转换正常,也许有个别文档的格式会有少许的不一致,这是正常情况。正常转换完后会直接打开转换后的文件。

7. "图片转文字":即 OCR 识别,把图形中的文字识别成文字。本功能为会员功能,免费版无法使用。

8. "论文查重":是通过第三方服务商进行文章的重复检查,本功能的每次使用都需要付费。

9. WPS 版本会不断更新,特别是"云服务"的各功能模块,会不断有更改和增加。

26.1.5　WPS 的"文件"选项卡

1. 如果单击左上角文档选项卡左边的"WPS 文字",出现的是"首页"选项卡,这是对 WPS 的整体操作,与当前文档无关,如可以新建一个 WPS 表格。

2. 如果单击快速工具栏左侧的"文件"选项卡,将对当前文档进行操作,包括另存为、分享等。

3. 如果单击的是"文件"右边的下拉箭头,那么下拉出来的是传统的菜单功能(类似于 MS-Office 2003 及以前的菜单)。显示的是竖着的菜单选项,操作方法也是老式的方法,因此可以把它称为文件菜单。如图 26-7 所示。

26.1.6　WPS 文字

1. WPS 文字的功能区和 Word 相比,多了"章节"等选项卡。

2. "开始"选项卡下的功能和 Word 对应的"开始"几乎相同,WPS 中多了一个"文字排版"工具,可对选中内容进行各种处理,如删除空行、删除空格(英文单词之间保留一个

图 26-7　WPS 的"文件"选项卡

空格，汉字间空格全删除）、换行转回车、段首缩进两字等。

3."插入"选项卡下的项目，大多和 Word 非常相似。如插入图表，在 Word 中数据由 Excel 提供，WPS 文字下的图表也是类似，数据由 WPS 表格提供。此外，还有一个"更多"按钮，可插入"条形码""二维码""化学绘图"等。这些插入的功能，在 WPS 表格、WPS 演示中一样存在。

4."引用"和 Word 也大多相同。默认情况下，WPS 没有 Word 的"邮件"选项卡，在"引用"中，有一个开关项"邮件"，选中后，才会出现"邮件合并"选项卡。要取消这个选项卡，可以在"引用"中取消选中该开关，或者直接单击"邮件合并-关闭"关闭选项卡。

5."邮件合并"的常用功能，与 Word 的"邮件"相似，只是少了几个不常用的功能。注：Word2003 及以前版本，也是用"邮件合并"的名称，2007 版开始才改称为"邮件"。

6."审阅"选项卡与 Word 大致相同。对于中文，WPS 的拼写检查功能比 Word 要强大。WPS 中还多了"文档校对""批改服务""文档认证""文档定稿"等功能，它需要联网进行专业的校对处理，校对准确率比 Word 要强很多。不过其中有许多内容需要开通会员才能使用。

7."章节"选项卡是 WPS 文字独有的选项卡，但大多数功能在"页面布局"或"页眉页脚"中已出现，放在一起也只是为了统一章节，排版方便而已。

26.1.7 WPS 表格

1. WPS 表格的功能区,和 Excel 相比,多了一个"云服务"选项卡。

2. "开始"功能区中,和 Excel 差不多,单击"表格工具-开启工具箱获得更多功能"可增加一个"智能工具箱"选项卡。该选项卡中有众多功能,在实际应用中可提供方便。但该功能属于会员功能,对免费账号可能有限制。各功能如图 26-8 所示。

图 26-8 WPS 表格的"智能工具箱"选项卡功能

3. "插入"选项卡中,除了和 Excel 相同的功能外,还增加了"照相机"和插入表单控件功能。通过照相机可以生成一个链接于指定单元格内容的动态图形,即单元格内容改变了,图形的内容会跟着变化。Excel 也有"照相机"功能,但它是隐藏功能,可以添加到某选项卡或快速访问工具栏下。

4. WPS 的大多数函数都与 Excel 完全一样,只有个别函数有不同,或不存在,这与版本也有关,相关内容这里不展开讨论。

26.1.8 WPS 演示

1. 在"开始"选项卡下,有一个二合一按钮:"幻灯片放映-从头开始"和"幻灯片放映-从当前开始",直接单击为上次使用的按钮,也可用下拉进行二选一选择。其他功能基本和 PowerPoint 差不多。

2. 单击"插入-音频"除了和 PowerPoint 一样嵌入和链接文件对象外,还有"嵌入背景音乐"和"链接背景音乐"功能。"插入-视频"除了嵌入和链接本地视频外,还可使用"网络视频",直接播放网络上的视频,不再需要先下载才能使用。

3. 在"插入"选项卡中,增加了一个"Flash"功能。单击"插入-Flash",选择文件,不用设置任何其他属性,即可正常播放。这样插入 Flash 文件,本质上和 PowerPoint 中插入 ActiveX 控件是相同的。但在 WPS 演示中插入的 Flash 文件,保存成 pptx 文件后,在 PowerPoint 中打开时,此 Flash 动画可能无法使用。

4. "切换"选项卡,在先前的 WPS 版本中,已经合并到"动画"选项卡,现在又分开了,与 PowerPoint 基本一致。

5. "动画"选项卡中,"触发动画"没有单独的按钮,需要设置触发动画时,要在动画窗格中,选择动画对象右侧的下拉按钮,再选择"计时-触发器",在里面设置触发对象。如图 26-9 所示。在动画选项卡下,有"智能动画",是网上的动画方案,可以做更多的动画,内容也可以不断增加。

6. "放映"选项卡中有一个"手机遥控"功能比较实用。它可以让手机控制电脑进行幻灯片播放切换,可代替激光笔的使用。使用方法是:单击"手机遥控"后,显示二维码,然后打开手机 WPS,用右上角扫描功能一扫一下,即可把手机当成 WPS 演示的遥控器使用。

图 26-9　WPS 演示的触发动画设计

在手机界面上单击可向前（即向下）翻页，左右划动可前后翻页。

26.1.9　稻壳与稻米

WPS 软件本身自带模板，为此，WPS 打造一个全名为"稻壳模板"的商城，专门用于各种模板的销售，WPS 文字、WPS 表格、WPS 演示模板都有，当然有全免费的，也有付费的，有会员免费的，有包月、包年等。

WPS 的虚拟币叫稻米，可以充值，也可以由每天签到等方法赚取稻米，稻米可购买稻壳里付费的模板，也可购买其他各种 WPS 的服务。

26.1.10　手机 WPS 文字的使用

1. 打开手机 WPS 后，下面有导航条"最近""云文档""应用""稻壳""我"。如图 26-10 所示。其中最有用的是"云文档"，即保存在 WPS 网盘上的文档，是最近更新的文件，单击即可打开该文档。

图 26-10　手机 WPS 导航条

2. 默认情况下，打开的文档是只读的，处于阅读模式，需要修改时，单击文档任意位置，上端会显示一行导航条，单击"编辑"按钮，进入编辑模式。在编辑模式下，可修改文章，完成后可单击上方的磁盘图标进行保存，点击"完成"后返回阅读模式。在编辑模式下可以对文字进行编辑、修改、加批注、改变格式等，但毕竟在手机上进行大量修改不是很方便，因此编辑功能主要是进行一些少量的修改，如图 26-11 所示。如果保存后没有单击"完成"，直接关闭，那么系统会使用记忆模式，下次再次打开此文件时，直接就会进入编辑模式。

图 26-11　进入编辑前后的上端导航条

3.在阅读模式下,单击屏幕,下端出现如图 26-12 所示的导航条。通过"工具"可再打开一个导航条,其中有"小助手""特色功能""文件""查看""审阅"等。图 26-13 为"工具-特色功能"与"工具-审阅"菜单。

图 26-12　阅读模式的下端导航条

图 26-13　阅读模式的"工具"导航条及其菜单

4.在编辑模式下,其下端的导航条的内容更多,导航条左边为固定三个按钮:"工具""键盘""小助手",右边的按钮,分别为:"适应手机""格式""段落""添加图片""语音输入""拍照识别""插入",一行显示不完,可左右滚动。在手机竖屏下,只显示图标,在横屏下,显示图标和文字。"工具"还有一级导航条,项目有:"开始""文件""插入""查看""审阅""画笔",再下级为菜单方式显示。如图 26-14 和图 26-15 所示。

图 26-14　编辑模式的下端导航条

∨	📧	😀	开始	文件	插入	查看	审阅	画笔

图 26-15　编辑模式下端"工具"导航条

在阅读模式或编辑模式下,除了上下导航可操作外,点击拖动选择文字或长按后,也有弹出窗口可操作。

5."语音批注":该功能是手机 WPS 的一个特色,手机打字毕竟不方便,但语音输入很方便。批注功能(包括语音批注)在阅读模式就可进行,不需要进入编辑模式。"语音批注"的使用步骤:"工具-审阅-进入语音批注模式",然后直接按住需要批注的语句,对着手机用语音朗读,朗读完放开手指即可。原先的版本,语音批注的本质还是文字批注,如此操作只是使用了汉语语音识别功能,最终还是自动转换成文字,用文字进行批注。从 WPS 2019 版开始,其语音批注功能成为真正的语音批注,保存后再次打开,可点击播放批注的语音了。

6."小助手":可语音识别命令,在识别后,显示几个备选项,再点击执行。

7."适应手机":它属于开关按钮,打开后,显示字体变大,手指左右划动可换页。关闭后,切换为普通显示,字体略小,上下划动滚动内容。

8."拍照识别":属于图片转文字,即 OCR 功能,是非常实用的功能。在编辑模式下,点击"拍照识别"后,手机将启动摄像头,拍照后即可点击"识别"进行文字识别。识别后,屏幕显示原图和识别的文字,对比后,可以"复制"或者直接"插入到文档"。"拍照识别"是会员功能,免费用户可能无法使用。

26.1.11　手机 WPS 表格、WPS 演示及其他

1.手机 WPS 表格

(1)手机 WPS 表格的主要操作和手机 WPS 文字类似,刚打开文件,文档处于阅读模式,点击"编辑"后才能编辑修改。

(2)在阅读模式下,导航有:"工具""适应手机""分享""小助手",打开"适用手机"后,通过右上角的按钮,可在表格视图和卡片视图间切换。处于卡片视图时,表格中的数据将以一次一条记录(行)的方式显示,上下滚动,显示不同字段(列)的内容;左右翻页,可显示不同记录的信息。在卡片视图下,字段名会自动识别,显示每行内容时,均会显示字段名。

(3)在编辑模式下,导航有:"加粗""字体颜色""填充颜色""合并单元格""自动换行""图表"。更多操作不再详细叙述。

2.手机 WPS 演示

(1)在手机 WPS 演示中,阅读模式的导航有:"工具""播放""分享""小助手",直接左右或上下滑动对每张幻灯片进行切换阅读。

(2)在编辑模式下,竖屏时,上面显示一张幻灯片信息供编辑,下面为多张幻灯片缩略图;横屏时,右边显示一张幻灯片信息供编辑,左边为多张幻灯片缩略图(与电脑布局相同)。选中缩略图时的导航有:"工具""小助手""模板""智能排版""幻灯片""图片"。

幻灯片或缩略图上,左右或上下滑动都可切换幻灯片。更多操作不再详细叙述。

3.文档雷达功能

在手机 WPS 的首页(即"最近"),除了显示最近打开使用的文件外,还会自动把手机 QQ、微信、浏览器等接收的文档列出(但只列出最近的一个文档,非文档图标,是一个雷达图标),这就是文档雷达功能。当点击该文档时,会显示文档雷达列表,即该手机接收到的所有文档列表(文档图标),再点击即可打开该文档。文档雷达功能还可在"我-设置-文档雷达"中设置"接收到新文档时自动打开"(默认关闭)与"首页显示新文档"(默认打开)。

26.2　实　验

26.2.1　实验目的

1.了解 WPS 软件的基本知识;

2.掌握 WPS 的安装和账号注册方法;

3.掌握 WPS 常用云服务的使用;

4.掌握用 WPS 打开各种 Office 文档、工作簿、演示文稿的方法;

5.掌握 WPS 文字、表格和演示的基本使用;

6.掌握用手机、平板设备的 WPS 来打开各种文件并使用的方法;

7.掌握几种 WPS 特有的实用功能。

26.2.2　实验内容

1.从 WPS 的官网或指定位置下载 WPS 安装文件,安装到电脑中。

2.根据自己的手机号码注册一个 WPS 账号。

3.使用刚注册的账号,或者用其他账号登录 WPS。

4.下载安装手机版 WPS,并用与电脑相同的账号登录。

5.用 WPS,打开任意 Word、Excel、PowerPoint、PDF 等现有文件,观察显示是否与 Office 中有区别。在 WPS 中修改适当后保存,重新在 Office 中打开,观察变化情况。

6.分别在 WPS 中进行各种云服务的实验:

(1)新建任意内容的 WPS 文字文档,保存在本地硬盘中,然后分享给微信好友或 QQ 好友,或者复制链接自己在浏览器中打开。分享后,再观察云中的文件列表,观察当前文件是否已经存在云中。

(2)直接发送到自己的手机,查阅文档。

(3)编写 WPS 演示,或打开 PowerPoint 演示文稿,使用手机进行遥控播放。

7.用手机操作 WPS 文档:用手机 WPS 打开一个云文档,进行文字内容增删修改、格式修改、增加批注,重新保存。然后再用电脑打开该文档,观察变化情况。

26.2.3　实验分析

1. WPS 官网地址：http://wps.cn，可下载 WPS 的各种版本，或从其他指定位置下载安装文件。

2. 注册 WPS 账号有两种方法：WPS 软件中注册和网站中注册。

3. WPS 除了使用本身的账号登录外，也可使用第三方账号登录，可以使用的有 QQ 账号、微信账号、小米账号、微博账号等。

4. WPS 主页 wps.cn 上就有各种环境的手机软件可下载，可用二维码扫码安装。

5. 若 Office 文件已经关联到 WPS，则文件可直接双击打开，否则可用右击在打开方式中选择 WPS 打开。

6. 云服务功能必须登录账号才能使用，且大多需要联网操作。

7. WPS 手机功能，需要电脑、手机登录相同的账号进行操作。

26.2.4　实验步骤

1. WPS 的下载和安装

(1)安装注意事项：机器若已经安装了 MS-Office，那么 doc、xls、ppt、docx、xlsx、pptx 等扩展名已经关联到 MS-Office，WPS 默认情况下会把关联改成 WPS。因此建议以 MS-Office 为主的机器，在安装 WPS 时，不要更改关联。这要求在安装时，不要直接按默认安装，先选择"自定义安装"，再把几个文件的关联选择取消。如图 26-16 所示。

图 26-16　WPS 安装更改设置选项

(2)如果已经安装完成，还可以通过点击 WPS"主页"右上方的全局设置(齿轮图标)在"配置和修复工具-高级-兼容设置"里重新设置关联的软件。在此设置中，可同时设置"运行模式"等其他选项。如图 26-17 所示。

図 26-17　WPS更改设置关联选项

2.注册账号,有两种方法。

(1)在 WPS 软件中,如果已经以某个账号登录,可先注销,然后再登录。在登录界面中如果手机号未注册,可以用手机号与密码直接注册,然后需要输入手机验证码。最后注册成功后,即可自动登录。WPS 也可以用微信、QQ、钉钉等第三方账号登录。如图 26-18 所示。

図 26-18　在 WPS 中注册 WPS 账号

(2)网页中的注册页面,可在 wps.cn 的右上角,点击"会员中心"进行注册、登录。细节不作介绍。

3.虽然 WPS 在未登录的时候也能使用主要的功能,但由于 WPS 的特色功能"云服务"必须登录账号才能使用,因此使用 WPS 还是登录账号为好。

4.在 WPS 主页 wps.cn 右上角选择合适的软件下载,可以扫描二维码来安装。安装后直接运行,用电脑相同账号登录。

5.如果安装 WPS 时,没有把 WPS 作为 doc/docx 等文件的默认打开软件,那么双击

220

文件,还是会用 Word 打开。要想用 WPS 打开 doc/docx 文件,可以右击文件,单击"打开方式",选择对应软件"WPS 文字"即可。具体的兼容测试、功能练习这里不再叙说,操作方法和 Office 差不多。

6.云服务实验

(1)新建文档,保存在本地硬盘,然后点击"分享",把该文档分享给微信好友、QQ 好友等。好友收到消息后,可直接点击打开,甚至在电脑(或手机)未安装 WPS 软件时,也可正常显示文档内容。

(2)发送至手机,是指发送给自己以相同账号登录的手机。在手机上打开 WPS 客户端,在"最近"的最上面就能看到发送的文件,点击即可打开。

(3)编写完成 WPS 演示文档后,点击"手机遥控",显示二维码,用手机 WPS 扫描该二维码,即可用手机进行遥控翻页。

7.用手机操作 WPS 文档:

(1)打开手机 WPS,在"最近"或"云文档"中找到一个文档,点击打开。

(2)内容编辑和格式设置:点击正文,在出现的上端导航条中,点击"编辑",进入编辑模式,和普通手机一样操作文字,可增删修改内容。选中文本的方法:先点击选中一句,然后拖动前后光标位置调整选中内容,直接在下端导航条中设置格式。编辑后点击"保存",再点击"完成"返回阅读模式。

(3)批注可直接在浏览状态下进行,也可进行语音批注。语音批注操作方法为:单击"工具-审阅-打开语音批注",在文章的适当位置按住,进行语音输入,输入完成后放开手指,系统将给文章添加真正的语音批注。

附　录

附录 1

Office 常用快捷键

1.1　Windows 快捷键

1. 全局快捷键

本表为 Windows 10 的全局快捷键,一般情况下,在任何环境均可用。说明中含有"Windows 7"的,说明此功能在 Win 7 或以前版本就已经存在。组合键 Win 是指 Ctrl 与 Alt 键之间有微软徽标的键。

快捷键	功能	说明
Win+Shift+S	屏幕截图	
Win+D	切换桌面	Win 7
Win+,(逗号)	临时显示桌面	放开 Alt 键即恢复
Win+E	资源管理器(此电脑)	Win 7
Win+Break	系统窗口	
Win+P	双屏切换选择	Win 7
Win+"＋"、"－"、Esc	放大镜放大、缩小、取消	Win 7
Win+1/2/3……	启动(切换到)任务栏第 n 个软件	Win 7
Win+I	打开 Windows 设置窗口	
Win+R	打开"运行"对话框	Win 7
Win+M、Win+Shift+M	全部最小化、还原	Win 7
Win+Tab	打开任务视图	
Win+↑、↓	窗口最大化、最小化或还原	
Win+→、←	窗口半屏幕或还原	
Win+Home	除当前窗口外,最小化所有	同晃动窗口

2.资源管理器中的快捷键

本表快捷键为资源管理器(文件夹)中的功能,在 Windows 7 下也可用。

快捷键	功能	说明
F2	文件或文件夹重命名	等同于单击名称
F3 或 Ctrl+F	切换到搜索框	
小键盘"+""−""*"	展开、折叠、展开全部文件夹	在左侧树状目录下
Alt+Enter	文件或文件夹属性对话框	先选中文件或文件夹
Home、End	窗口的顶端、底端	
F11	最大化或还原窗口	
Ctrl+鼠标滚轮	改变文件查看方式	

3.输入法及文字输入

快捷键	功能	说明
Shift+空格	全角半角相互转换	
Ctrl+空格	中英文切换	
Ctrl+.(点)	中英文标点切换	部分输入法下有效
Ctrl+Shift	输入法切换	Windows10 下可用 Win+空格
Alt+小键盘数字,例: Alt+163、128、9745、9746、13167	输入 Unicode 编码文字,例: 英镑字符£、欧元符号∈、☑、☒	在 Word 和 PowerPoint 中输入 Unicode 编码文字
Alt+小键盘数字,例: Alt+54992、65183、43343、41698	输入 GB 编码文字,例: 例:中、龚、㎡、⑩	除 Word、PowerPoint 外的其他软件(如 Excel、VBA、网页、WPS 等)中输入 GB 编码文字

1.2　Office 各软件通用快捷键

1.基本功能和常用排版功能

快捷键	功能	说明
Ctrl+O 或 Ctrl+F12	打开	Open
Ctrl+N	新建	New
Ctrl+S 或 Shift+F12	保存	Save
F12	另存为	
Ctrl+P	打印	Print

续表

快捷键	功能	说明
Ctrl＋F、Ctrl＋H	查找、替换	Find
Ctrl＋C 或 Ctrl＋Insert	复制	剪切板操作有两组：Ctrl＋字母一组，适合单手操作；编辑键一组，适合双手盲操作
Ctrl＋X 或 Shift＋Delete	剪切	
Ctrl＋V 或 Shift＋Insert	粘贴	
Ctrl＋B、Ctrl＋I、Ctrl＋U	加粗、倾斜、下划线	Bold、Italic、Underline
Ctrl＋K	超链接	linK
Ctrl＋Z	撤销上一操作	
F4 或 Ctrl＋Y	重复上一操作	
Ctrl＋W	关闭当前文件窗口	
Esc	取消操作或退出对话框	
F1	联机帮助	几乎所有软件都一致
F10	激活菜单	
Shift＋F10	激活快捷菜单	
Alt＋F11	进入 VBA 环境	
Alt＋F8	查看宏	
Ctrl＋鼠标滚轮	改变显示比例	
Ctrl＋L、Ctrl＋R	左对齐、右对齐	Left、Right
Ctrl＋E、Ctrl＋J	居中对齐、两端对齐	cEnter、Justified
F7	拼写检查	
Ctrl＋F1	打开或关闭功能区	

2. Word 和 PowerPoint 中通用的快捷键，在 Excel 中无效或有另外功能

快捷键	功能	说明
Shift＋F3	大小写转换	由大写→小写→首字母大写依次转换
Ctrl＋＝、Ctrl＋Shift＋＝	下标、上标	
Ctrl＋＞或 Ctrl＋]、Ctrl＋＜或 Ctrl＋[	字体变大、变小	
Alt＋＝	插入公式	
Tab、Shift＋Tab	右移、左移一个单元格	在表格中
Ctrl＋A	选定整篇文档	

3. Word 和 PowerPoint 中通用的光标移动和键盘选择键

快捷键	直接光标移动	再组合 Shift 为选择
→、←	向右、左侧移动一个字符	选定右、左侧一个字符
↑、↓	向上、下移动一行	向上、下选中一行
Home、End	光标移至本行行首、行尾	向左选定到行首、向右选定到行尾
PgUp、PgDn	向上、下移动一页	向上选定到上一页、向下选定到下一页位置
Ctrl+Home、Ctrl+End	光标移至本文档的开始、结尾处	选定文本，从光标处至文档开始处、结尾处

注：在 PowerPoint 的文本框中编辑时，Ctrl+Home、Ctrl+End 等同于 Home 和 End。

1.3　Word 快捷键

1. 常规快捷键

快捷键	功能
Ctrl+Shift+8（即 Ctrl+*）	显示或隐藏非打印字符
Ctrl+Shift+C	复制格式
Ctrl+Shift+V	粘贴格式

2. 格式设置的快捷键

快捷键	功能
Ctrl+Shift+W	只给字、词加下划线，不给空格加下划线
Ctrl+Shift+D	给文字添加双下划线
Ctrl+1、Ctrl+2、Ctrl+5	单倍、双倍、1.5 倍行距
Ctrl+0	在段前添加一行间距
Ctrl+Q	删除段落格式
Ctrl+T、Ctrl+Shift+T	增加、减少悬挂缩进
Ctrl+M、Ctrl+Shift+M	增加、减少左侧段落缩进
Ctrl+Shift+N	应用"正文"样式
Ctrl+Alt+1、2、3	应用"标题1""标题2""标题3"样式等
Alt+Shift+↑、Alt+Shift+↓	与上段、下段内容交换，在表格中则两表格行交换
Alt+Shift+←、Alt+Shift+→	提高、降低段落级别
Ctrl+D	打开"字体"对话框
Ctrl+Shift+S	应用样式
Ctrl+Shift+G	打开"字数统计"对话框

3. 用于处理文档的快捷键

快捷键	功能
Ctrl＋Alt＋P、Ctrl＋Alt＋O、Ctrl＋Alt＋N	切换到页面视图、大纲视图、草稿视图
Ctrl＋Alt＋M	插入批注
Ctrl＋Shift＋E	打开或关闭修订功能
Ctrl＋Alt＋F、Ctrl＋Alt＋D	插入脚注、插入尾注
Ctrl＋Alt＋S	拆分文档窗口
Alt＋Shift＋C	撤销拆分文档窗口

4. 表格中的快捷键

快捷键	功能
Ctrl＋Shift＋Enter	上下拆分表格
Alt＋Shift＋↑、Alt＋Shift＋↓	当前行内容与上行、下行交换
Tab	光标移到右边表格,若已到最右列,则到下一行首列,若已到最后一行最后一列,则增加一行
Enter	光标停在当前行最右列后面回车,在当前行后插入一行
Alt＋Home、Alt＋End	光标移到第一列、最后一列

5. 插入特殊字符的快捷键

快捷键	功能
Alt＋X	对光标前的 16 进制 Unicode 编码与文字相互转换
Ctrl＋Enter	插入分页符
Shift＋Enter	插入手动换行符(不分段)
Ctrl＋Shift＋Enter	插入分符栏
Ctrl＋Alt＋C	插入版权符号©
Ctrl＋Alt＋R	插入注册商标符号®
Ctrl＋Alt＋T	插入商标符号™
Ctrl＋Alt＋.（句点）	插入省略号…
Ctrl＋’a、Ctrl＋’a、Ctrl＋Shift(ˇ)＋6a	分别输入 à、á、â,Ctrl 前缀后可跟元音字母 a、e、i、o、u,输入对应字母符号

6. 域及邮件合并相关操作的快捷键

快捷键	功能
Ctrl＋F9	插入域特征符,用于手动插入域
Shift＋F9、Alt＋F9	在所选的、所有的域代码及其结果之间进行切换
F9	更新域
Alt＋Shift＋D、Alt＋Shift＋T Alt＋Shift＋P	插入当前日期(Date 域)、当前时间(Time 域)、当前页码(Page 域)
Ctrl＋Shift＋F9	解除域链接,变成硬文本,无法再更新
F11、Shift＋F11	定位至下一个域、上一个域
Ctrl＋F11、Ctrl＋Shift＋F11	锁定域,防止选择的域被更新、解除对域的锁定
Alt＋Shift＋K	预览邮件合并
Alt＋Shift＋N	合并文档
Alt＋Shift＋M	打印已合并的文档
Alt＋Shift＋E	编辑邮件合并数据文档
Alt＋Shift＋F	插入合并域

1.4　Excel 快捷键

1. 光标定位与选择快捷键

快捷键	功能	加 Shift 为连续选中
↑ ↓ ← →	光标移至上下左右单元格	向上下左右连续选中
Shift＋Enter、Enter、Shift＋Tab、Tab	光标移至上下左右单元格	—
Ctrl＋ ↑ ↓ ← →	光标移动到上、下、左、右中最后一个非空单元格	向上、下左右连续选中到最后一个非空单元格
Home	光标移至本行行首(即 A 列)	连续选至 A 列
Ctrl＋Home	光标移至开始处(即 A1 单元格)	连续选至 A1 单元格
Ctrl＋End	光标移至有效数据右下角	连续选至有效数据右下角
Ctrl＋PgDn、Ctrl＋PgUp	移动光标到下、上一个工作表	连续选中下、上一个工作表
Ctrl＋A	选中当前连续矩形区域	
F5	显示"定位"对话框	
Ctrl＋空格	选定整列(中英文输入法切换,因此中文系统下无法使用)	
Shift＋空格	选定整行(半全角切换,在英文输入法下可用)	
Ctrl＋Shift＋0(零)	选定含有批注的所有单元格	

2.数据格式设置快捷键

快捷键	功能
Alt+'(单引号)	弹出"样式"对话框
Ctrl+1	弹出"设置单元格格式"对话框
Ctrl+9、Ctrl+Shift+9	隐藏选定行、取消选定区域内的所有隐藏行
Ctrl+0(零)、Ctrl+Shift+0(零)	隐藏选定列、取消选定区域内的所有隐藏列
Ctrl+Shift+1、2、3、4($)、5(%)	设置格式为整数、时间、日期、货币、百分比
Alt+Enter	在单元格中换行

3.内容输入快捷键

快捷键	功能
Ctrl+;(分号)、Ctrl+Shift+;(分号)	输入日期、时间
Ctrl+Enter	用当前输入项填充选定的单元格区域
Alt+=	插入 SUM 函数公式
Ctrl+Shift+Enter	将公式作为数组公式输入
Ctrl+Del	删除插入点到行末的文本
Ctrl+Shift+=(等号)、Ctrl+-(减号)	插入、删除单元格
Ctrl+E	智能填写。根据当前单元格内容与左侧单元格的规律，自动填写下面单元格值。Excel 2010 无此功能
Alt+F1	插入图表
Ctrl+Shift+L	自动筛选开关
Tab	输入函数时，补齐函数其余部分
Ctrl+A	输入函数时，可调出函数提示(等同点 fx)

1.5 PowerPoint 快捷键

1.编辑状态的快捷键

快捷键	功能
Ctrl+M	在当前幻灯片后添加一张幻灯片
Ctrl+Shift+C、Ctrl+Shift+V	复制、粘贴文本字体、段落格式
Ctrl+T	调出字体设置菜单
F5、Shift+F5	从头、当前页开始放映

2.播放状态下的快捷键

快捷键	功能
N/PgDn/→/↓/空格/回车	播放下一个动画或换页到下一张幻灯片
P/PageUp/←/↑/Backspace	播放上一个动画或返回到上一张幻灯片
B/.（句点）	黑屏与幻灯片放映切换
W/,（逗号）	白屏与幻灯片放映切换
Esc/Ctrl+Break/—（减号）	退出幻灯片放映
S/+（加号）	停止/重新启动自动放映
同时按下鼠标左右键 2 秒钟	返回第一张幻灯片
编号 xx+回车（xx 为数字）	转到第 xx 页
Ctrl+T	查看任务栏
Ctrl+H/U	鼠标移动时隐藏/显示箭头
E	擦除幻灯片内容屏幕上的注释
Ctrl+E、Ctrl+A、Ctrl+P	指针更改为橡皮擦、箭头、笔
Ctrl+M	显示/隐藏墨迹标记

1.6 VBA 快捷键

快捷键	功能
Ctrl+S	保存文件
Ctrl+M、Ctrl+E	导入、导出文件
Alt+Q	关闭并返回到 Word 或 Excel 等
Ctrl+J	列出属性和方法
Ctrl+G、Ctrl+R、F4	打开立即窗口、工程资源管理器窗口、属性窗口
F8、Shift+F8	逐语句运行、逐过程运行
Ctrl+F8	运行到光标处
F9	当前语句设置或取消断点
F5	运行当前宏或继续运行
Ctrl+Break	中断程序运行
F1	联机帮助,先选中关键词再按 F1

1.7 Alt 快捷键

1.简介

(1)在 Office 环境中,大部分功能都有快捷键操作,把鼠标指向某按钮下,就会自动提示快捷键。Office 还提供了另外一套键盘操作,也可以算另外一套快捷键的方法。在编辑时,单独按一下 Alt 键,在功能区的选项卡下,会显示带框的字母(在快速启动工具栏的按钮下会显示数字),然后再按一下该键,就会直接显示该选项卡及其功能区(或直接按 Alt 与该字母组合键),功能区的各按钮下都会显示带框字母(或数字,或 2 个字母),直接按该字母即可激活该功能。这里暂时称它为 Alt 快捷键。

(2)功能区的任何一个按钮都有快捷键(包括每组右下角的对话框总按钮)。譬如:"加粗"就是:Alt+H 和 1 两个键,"插入公式"就是 Alt+N+E。

(3)在功能区中新建的组、新添加的按钮,一样有快捷键。

(4)在快速启动工具栏的按钮,按顺序自动用 1~9 为快捷键,如果添加更多,就是 0+数字两位数,更多就用 0+字母。

(5)当 Alt 与部分字母组合,会调用老版 Office(2003 版)的对应菜单功能,如 Word 中的 Alt+A、Alt+I、Alt+T、Alt+V,Excel 中的 Alt+D、Alt+E、Alt+I、Alt+O、Alt+T、Alt+V 等。

2.Alt 快捷键示例

(1)总选项卡部分:

(2)按 Alt+H 后的开始选项卡

(3)按 Alt+JP 后的图片工具-格式选项卡

附录 2

Excel 常用函数一览表

2.1 参数说明

参数	含义	英文	注释
N	数值型	Number	
C	字符型	Character	
D	日期型	Date	即日期序列，数值的整数部分
T	时间	Time	即时间序列，数值的小数部分
L	逻辑型	Logic	
A	数组	Array	包括向量
X	多种类型		2 种或 2 种以上类型
rg	区域	Range	可一个或多个范围
vt	向量	Vector	单行或单列的一维数组，如 B2:B10、C2:F2
cr	条件	Criteria	数值或文本的单边条件，如">=10"

说明：

本表的函数名采取首字母大写方式，方便记忆。若函数名为多个单词缩写，则每个缩写单词的首字母大写。

一个函数若有多个相同类型的参数，则在参数字母后加数字。

本附录的分类和 Excel 中"插入函数"对话框的分类不同，只是为了方便查找而已，不说明任何其他问题。

参数突出类型，不按原函数英文提示，也是为了容易理解、学习、查找，说明比较简单，若需更详细说明，可查阅对应帮助。

2.2 常用函数一览表

1.时间日期相关函数

函数	说明
Date(N1,N2,N3)	N1 年 N2 月 N3 日的日期,月日均支持超过范围或负值
Time(N1,N2,N3)	N1 时 N2 分 N3 秒组成的时间,时分秒均支持超过范围或负值
DateValue(C)、TimeValue(C)	字符转日期、时间,支持"年-月-日"等多种格式的日期、"时:分:秒"等多种格式组成的时间,一般不需要这 2 个函数,系统会自动转换
Today( )、Now( )	当前(计算机时钟)的日期、日期时间
Year(D)、Month(D)、Day(D)	从日期中提取出年、月、日
Hour(T)、Minute(T)、Second(T)	从时间中提取出时、分、秒
WeekDay(D[,N])	从日期中提取出"星期",结果 1—7 代表星期日-星期六,若 N =2 则 1 代表星期一

2.数值统计函数

函数	说明
Count(X1,X2,…)	统计数值型单元格数量
Counta(X1,X2,…) CountBlank(X1,X2,…)	统计非空、空单元格数量
CountIf(rg,cr)	计算满足条件的单元格数量
CountIfs(rg1,cr1,rg2,cr2,…)	计算满足多条件的单元格数量
SumIf(rg1,cr1[,rg]) AverageIf(rg1,cr1[,rg])	对 rg1 中满足条件 cr 的对应区域 rg 单元格求和、求平均(注意:求和、求平均的区域参数在最后)
SumIfs(rg,rg1,cr1,rg2,cr2,…) AverageIfs(rg,rg1,cr1,rg2,cr2,…)	在每对 rg1/cr1 都满足条件的对应区域 rg 单元格求和、求平均(注意:求和、平均的区域在最前)
SumProduct(A1,A2,…)	求多个数组对应元素的乘积之和(各数组元素应相等)
Sum、Average、Product、SumSq、GeoMean、HarMean、Max、Min、Var、StdEv、AvedEv	求和、平均、乘积、平方和、几何平均值、调和平均值、最大值、最小值、方差、标准偏差、平均偏差,参数均为若干数值。
Large(A,N)、Small(A,N)	求数组 A 中第 N 大、第 N 小的数据
Rank(X,A[,L]) Rank.Eq(X,A[,L]) Rank.Avg(X,A[,L])	求数据 X 在数组 A 中的排名,L 假或省略为降序,真为升序。Rank.Eq 为最佳排名(1、2 并列,两者都是第 1 名),等同于 Rank,Rank.Avg 为平均排名(1、2 并列,两者都是第 1.5 名)

3. 数值舍入函数

函数	说明
Int(N)	算术下舍取整
Round(N,N1)、MRmround(N,N1)	四舍五入到 N1 位小数、四舍五入到 N1 的倍数
RoundDown(N,N1)、 RoundUp(N,N1)	绝对值下舍、上入到 N1 位小数
Trunc(N[,N1])	绝对值下舍到 N1 位小数,同 RoundDown
Floor(N,N1)、Ceiling(N,N1)	算术下舍、算术上入取整到 N1 的倍数
Even(N)、Odd(N)	算术上入到偶数、算术上入到奇数

4. 指数和对数函数

函数	说明
Power(N1,N2)	指数,N1 的 N2 次方
Exp(N)	自然对数 e 的幂,e 的 N 次方
Log(N,N1)、Log10(N)、Ln(N)	以 N1 为底、10 为底、e 为底的对数
Sqrt(N)	平方根,N 开平方

5. 三角与反三角函数、双曲与反双曲函数

函数	说明
Pi()	圆周率(无参数)
Radians(N)、Degrees(N)	将角度转换为弧度、将弧度转换为角度
Sin(N)、Cos(N)、Tan(N)	正弦、余弦、正切值
ASin(N)、ACos(N)、ATan(N)	反正弦、反余弦、反正切值
Sinh(N)、Cosh(N)、Atnh(N)	双曲正弦、双曲余弦、双曲正切值
ASinh(N)、ACosh(N)、ATanh(N)	双曲反正弦、双曲反余弦、双曲反正切值

6. 矩阵及计算函数

函数	说明
MDeterm(A)	计算矩阵 A 的值(A 的行列数相等),结果单值
MInverse(A)	返回矩阵 A 的逆矩阵,结果为数组(A 的行列数相等)
Transpose(A)	返回矩阵 A 的转置(行列互换),结果为数组
MMult(A1,A2)	计算两数组矩阵的乘积(A1 行数＝A2 列数),结果单值

7.其他数学函数

函数	说明
Mod(N1,N2)、Quotient(N1,N2)	计算 N1/N2 余数部分、商的整数部分
GCD(N1,N2,…)、LCM(N1,N2,…)	最大公约数、最小公倍数
Abs(N)	绝对值
Sign(N)	正负符号,正为 1,负为 −1,0 为 0
Fact(N)、FactDouble(N)	N 的阶乘、双阶乘(全偶数或全奇数相乘 N*(N−2)*…)
Rand()、RandBetween(N1,N2)	产生 0~1 间(不包含)的随机小数、产生 N1~N2 间(包含)的随机整数
Complex(N1,N2)	由实部 N1 和虚部 N2 组成一个复数
IM 开头的多种函数	各种复数运算函数(略)

8.逻辑运算函数

函数	说明
And(L1,L2,…)	逻辑与,所有的条件为真,结果才为真
Or(L1,L2,…)	逻辑或,所有的条件为假,结果才为假
Not(L)	逻辑反,对 L 逻辑值求反

9.逻辑检测函数

函数	说明
IsBlank(X)	是空白单元格?是则返回 TRUE,不是则返回 FALSE,下同
IsErr(X)	是♯N/A 外的其他错误值
IsNA(X)	是♯N/A 错误值(值不存在)
IsError(X)	是任何错误值
IsLogical(X)、IsText(X)、isNumber(X)	是逻辑值、是文本、是数字
IsNonText(X)	是非文本,或空单元格
IsRef(X)	是引用
IsOdd(N)、IsEven(N)	是奇数、是偶数

10. 查找与引用函数

函数	说明
VLookup(X,A,N[,L])	垂直查找:在数组 A 的第 1 列中查找 X,返回第 N 列的对应值,L 为假则为精确查找,默认或为真为近似查找
HLookup(X,A,N[,L])	水平查找:在数组 A 的第 2 行中查找 X,返回第 N 行的对应值,L 为假则为精确查找,默认或为真为近似查找
Lookup(X,vt1,vt2) Lookup(X,A)	Lookup 固定为近似查找。X 为查找值,两种方式: 向量形式:在向量 vt1 中查找,返回向量 vt2 中对应的值; 数组形式:在数组 A 第一列(或行)中查找,返回最后一列(或行)数据,若列数＞行数,则水平查找,否则垂直查找
Match(X,vt[,N])	在向量 vt 中查找 X,返回搜索值的相对位置,N=1(或省略为)升序近似查找,−1 则降序近似查找,0 表示精确查找
Offset(rg,N1,N2,[N3][,N4])	返回以区域 rg 为基准,向下 N1、向右 N2,高 N3、宽 N4 的新区域,省略 N3、N4 高宽不变
Index(A,N1,N2) Index(rg,N1,N2[,N3])	索引查找,两种方式: 数组方式:返回数组 A 第 N1 行第 N2 列交差位置的单元格,若 A 为一维数组(向量),可省略 N2 多区域方式:区域 rg 的第 N3 块中第 N1 行 N2 列的单元格,省略 N3 为 1
Indirect(C)	间接引用单元格的内容,若 C="A1",则结果为 A1 单元格内容
If(L,X1,X2)	条件分支,L 为真则返回 X1,否则返回 X2
Choose(N,X1,X2,X3⋯)	从参数表中选择特定的值,若 N=3,则返回 X3 的值
IfError(X,X1)	X 没错就返回本身,有错则返回 X1
Column([rg])、Row([rg])	返回引用的列号、行号,若多单元格,则返回数组,无参数为当前列号、行号
Columns(rg)、Rows(rg)	返回引用或数组的列数、行数

11. 字符函数

函数	说明
Len(C)	计算 C 的长度,每个中文、英文的长度都为 1
Concatenate(X1,X2,⋯)	字符连接,可用 & 运算符代替
Left(C,N)、Right(C,N)	从字符 C 左边、右边取 N 个字符
Mid(C,N1,N)	从字符 C 第 N1 个位置开始,取 N 个字符
Find(C1,C[,N])	检索字符(区分大小写),在 C 中找 C1,返回第 N 次出现的位置,N 默认为 1
Search(C1,C[,N])	检索字符(不区分大小写),参数同 Find

续表

函数	说明
Substitute(C,C1,C2[,N])	把字符串 C 中第 N 次的字符 C1 替换成 C2，省略 N 全替换,有 N 则只替换 1 次
Replace(C,N1,N2,C1)	把字符串 C 从 N1 开始的 N2 个字符替换成 C1
Trim(C)	删除前后空格,删除中间多余空格(连续空格留 1 个)
Clean(C)	删除非打印字符(ASCII 码<32 的字符)
Exact(C1,C2)	检查两文本是否完全相同,大小写有关(比较符号"＝",大小写忽略)
Rept(C,N)	重复 C 文本 N 次

12. 类型、格式、进制的转换函数

函数	说明
Asc(C)	将全角字符转换成半角字符
WideChar(C)	将半角字符转换成全角字符
Upper(C)、Lower(C)、Proper(C)	将所有英文字母转换成大写、小写、首字母大写
Value(C)、N(X)	将字符型、非字符型内容转换成数值型(一般情况可自动转换,不需要这两个函数)
Code(C)、Char(N)	首字转 GB 码(ASCII 码)、GB 码(ASCII 码)转字符
UniCode(C)、UniChar(N)	首字转 Unicode(ASCII)码、Unicode(ASCII)码转字符(2010 版无此 2 个函数;对于 127 以内的 ASCII 码,函数是否有 Uni 开头,结果相同)
RMB(N1[,N2])、Dollar(N1[,N2])	给数值 N1 添加人民币符号￥、美元符号 $ 和千位分隔符。N2 为小数位数,N2 默认为 2
Fixed(N1,[N2][,L])	给数值 N1 设固定小数位,N2 为小数位数,L 表示是否有千位分割符
Text(N,C)	将数值 N 转换成各种格式文本,C 为格式
Roman(N1[,N2])	将数值 N1 转换成罗马数字,N2 为格式
NumberString(N1,N2)	将数值 N1 转换成汉字的文本(本函数无提示、无帮助),N2 为转换方式:1 普通,2 财务,3 对应
Bin2Oct(c)、BinDdec(c)、Bin2Hex(c)	2 进制转 8、10、16 进制
Oct2Bin(c)、Oct2Dec(c)、Oct2Hex(c)	8 进制转 2、10、16 进制
Dec2Bin(n)、Dec2Oct(n)、Dec2Hex(n)	10 进制转 2、8、16 进制
Hex2Bin(c)、Hex2Oct(c)、Hex2Dec(c)	16 进制转 2、8、10 进制
Convert(N,c1,c2)	度量衡单位转换,把数 N 从 C1 单位转换为 C2 单位
Type(X)	返回参数 X 的类型,数值为 1,字符为 2,逻辑为 4,错误为 16,数组为 64

13. 数据库函数

函数	说明
D???（rg1,X,rg2）	所有数据库函数名称都是 D 开头,参数都一样,rg1:数据库区域,X:字段名(C 型)或字段序号(N 型);rg2:条件区域。rg1 和 rg2 首行均为字段名
DCount	数值型数量,X 只能用数值型字段
DCountA	非空数量,X 只能用非空字段
DMax、DMin	最大值、最小值,X 只能用数值型字段
DSum、DAverage	和、平均,X 只能用数值型字段
DProduct	乘积,X 只能用数值型字段
DVar、DStdEv	计算方差、标准偏差,X 只能用数值型字段
DGet	提取符合条件的记录,满足条件的记录只能唯一,否则出错

14. 财务相关函数

函数(参数略)	说明
Pmt、Rate、NPer、PV、FV	在等额分期还款贷款中,已知 5 项中的 4 项,求另外一项值:Pmt 为每期还款额、Rate 为利率、NPer 为期数、PV 为借款额、FV 为剩余值。
PPmt、IPmt	计算贷款偿还额中,某一期的本金部分、利息部分
CumPrinc、CumIpmt	计算贷款偿还额中,某两期之间累计本金部分、利息部分
SLN	计算固定资产的折旧费

附录 3

浙江省高校计算机二级"办公软件高级应用技术"考试大纲(2019 版)

考试目标

测试考生对常用办公软件的高级应用和操作能力。要求考生能够掌握文档的个性化设置,掌握长文档的自动化排版,掌握文档的程序化和批量化设置。要求考生能够使用计算思维和数据思维设置表格,处理数据、进行数据分析。同时培养学生的审美观念,能够在演示文稿的设计和创建中融入美学。同时要求考生能够了解目前常用办公软件的基本功能和操作。

基本要求

1.掌握 MS Office 2019(或 WPS Office 2019)各组件的运行环境、视窗元素等;

2.掌握 Word(或 WPS 文字)的基础理论知识以及高级应用技术,能够熟练掌握长文档的排版(页面设置、样式设置、域的设置、文档修订等)。

3.掌握 Excel(或 WPS 表格)的基础理论知识以及高级应用技术,能够熟练操作工作簿、工作表,熟练地使用函数和公式,能够运用 Excel(或 WPS 表格)内置工具进行数据分析,能够对外部数据进行导入导出等

4.掌握 PowerPoint(或 WPS 演示文稿)的基础理论知识以及高级应用技术,能够熟练掌握模版、配色方案、幻灯片放映、多媒体效果和演示文稿的输出。

5.了解 MS Office 2019(或 WPS Office 2019)的文档安全知识,能够利用 MS Office 2019(或 WPS 2019)的内置功能对文档进行保护。

6.了解 MS Office 2019(或 WPS Office 2019)的宏知识、VBA 的相关理论,并能够录制简单宏,会使用 VBA 语句。

7.了解常用办公软件的基本功能和操作,包括基本绘图软件、即时通信软件、笔记与思维导图软件以及微信小程序软件等的基本使用。

考试内容

一、Word(或 WPS 文字)高级应用

1.页面设置

(1)掌握纸张的选取和设置,掌握版心概念,熟练设置版心。

(2)掌握不同视图方式特点,能够熟练根据应用环境选择和设置视图方式。

(3)掌握文档分隔符的概念和应用,包括分页、分栏和分节。熟练掌握节的概念,并能正确使用。

(4)掌握页眉、页脚和页码的设置方式、熟练根据要求设置页眉、页脚以及页码。

2. 样式设置

(1)掌握样式的概念,能够熟练地创建样式、修改样式的格式,使用和管理样式。

(2)掌握引用选项功能,熟练使用和设置脚注、尾注、题注、交叉引用、索引、书签和目录等引用工具。

(3)掌握模板的概念,能够熟练地建立、修改、使用、删除模板。

3. 域的设置

(1)掌握域的概念,能按要求创建域、插入域、更新域,显示或隐藏域代码。

(2)掌握一些常用域的应用,例如 Page 域、Section 域、NumPages 域、TOC 域、TC 域、Index 域、StyleRef 域等。

(3)掌握邮件合并功能,熟练应用邮件合并功能发布通知、邮件或者公告。

4. 文档修订和批注

(1)掌握审阅选项的设置。

(2)掌握批注与修订的概念,熟练设置和使用批注与修订。

(3)学会在审阅选项下对文档的修改项进行比较。

二、Excel(或 WPS 表格)高级应用

1. 工作表的使用

(1)能够正确地分割窗口、冻结窗口、使用监视窗口。

(2)理解样式,能新建、修改、应用样式,并从其他工作簿中合并样式,能创建并使用模板,并应用模板控制样式,会使用样式格式化工作表。

2. 单元格的使用

(1)掌握单元格的格式化操作。

(2)掌握自定义下拉列表的创建与应用。

(3)掌握数据有效性的设置,能够根据情况熟练设置数据有效性。

(4)掌握条件格式的设置,能够熟练设置条件格式。

(5)学会名称的创建和使用。

(6)掌握单元格的引用方式,能够根据情况熟练使用引用方式。

3. 函数和公式的使用

(1)掌握数据的舍入方式。

(2)了解公式和数组公式的概念,并能熟练掌握公式和数组公式的使用。

(3)熟练掌握内建函数(统计函数、逻辑函数、数据库函数、查找与引用函数、日期与时间函数、财务函数等),并能利用这些函数对文档数据进行统计、分析、处理。

4. 数据分析

(1)掌握表格的概念,能设计表格,使用记录单,利用自动筛选、高级筛选以及数据库函数来筛选数据列表,能排序数据列表,创建分类汇总。

(2)了解数据透视表和数据透视图的概念,掌握数据透视表和数据透视图的创建,能够熟练地在数据透视表中创建计算字段或计算项目,并能组合数据透视表中的项目。能够使用切片器对数据透视表进行筛选,使用迷你图对数据进行图形化显示。

5. 外部数据导入与导出

了解数据库、XML、网页和文本数据导入到表格中的方法,掌握文本数据的导入与导出。

三、PowerPoint(或 WPS 演示)高级应用

1. 设计与配色方案的使用

(1)掌握主题的使用。

(2)掌握使用、创建、修改、删除配色方案。

(3)掌握母版的设计与使用,熟练掌握和使用母版中版式的设计。

2. 幻灯片动画设置

(1)掌握自定义动画的设置、多重动画设置、触发器功能设置。

(2)掌握动画排序和动画时间设置。

(3)掌握幻灯片切换效果设置、切换速度设置、自动切换与鼠标单击切换设置以及动作按钮设置。

3. 幻灯片放映

(1)掌握幻灯片放映方式设置、幻灯片隐藏和循环播放的设置。

(2)掌握排练与计时功能。

4. 演示文稿输出

(1)学会输出和保存演示文稿的方式。

四、公共组件的使用

1. 文档保护

(1)学会对文档进行安全设置:Word(或 WPS 文字)文档的保护,Excel(或 WPS 表格)中的工作簿、工作表、单元格的保护,演示文稿安全设置——正确设置演示文稿的打开权限、修改权限密码。

(2)学会文档安全权限设置,掌握文档密码设置。

(3)了解 Word(或 WPS 文字)文档保护机制:格式设置限制、编辑限制。

(4)学会 Word(或 WPS 文字)文档窗体保护:分节保护、复选框窗体保护、文字型窗体域、下拉型窗体域。

(5)学会 Excel(或 WPS 表格)工作表保护:工作簿保护、工作表保护、单元格保护、文档安全性设置、防打开设置、防修改设置、防泄私设置、防篡改设置。

2. 宏的使用

(1)了解宏概念。

(2)了解宏的制作及应用,学会简单宏的录制和宏的使用。

(3)了解宏与文档及模板的关系。

(4)了解 VBA 的概念,包括 VBA 语法基础、对象及模型概念、常用的一些对象。

(5)了解宏安全,包括宏病毒概念、宏安全性设置。

五、其他常用办公软件的使用

1. 了解常用绘图软件的功能和使用方式。

2. 了解常用即时通信软件的功能和使用方式。

3. 了解常用笔记软件的功能和使用方式。

4. 了解常用微信小程序软件的功能和使用方式。

5. 了解常用思维导图软件的功能和使用方式。

附录4

浙江省大学生计算机等级考试(二级 AOA)真题

一、单选题(略)

二、判断题(略)

三、Word 单项题

(一)操作说明

1.按下列要求操作,及时保存,结果存盘。

2.所有文件保存在考生文件夹的 Paper/Dword 下。

3.点击"回答"按钮,将显示考生文件夹的 Paper/Dword 文件夹,在其中操作。

(二)操作要求

1.在考生文件夹 Paper/Dword 下,建立成绩信息"成绩.xlsx",如表1所示。要求:

(1)使用邮件合并功能,建立成绩单范本文件"CJ_T.docx",如图1所示。

(2)生成所有考生的成绩单"CJ.docx"。

姓名	语文	数学	英语
张三	80	91	98
李四	78	59	79
王五	87	86	76
赵六	65	97	81

表1

《姓名》同学	
语文	《语文》
数学	《数学》
英语	《英语》

图1

2.在考生文件夹 Paper/Dword 下,建立文档"请柬.docx",设计会议邀请函。要求:

(1)在一张 A4 上,正反面拼页打印,横向对折。

(2)页面(一)和页面(四)打印在 A4 纸的同一面;页面(二)和页面(三)打印在 A4 纸的另一面;

(3)四个页面要求依次显示如下内容:

◇页面(一)显示"邀请函"三个字,上下左右均居中对齐显示,竖排,字体为隶书,72 号。

◇页面(二)显示"汇报演出定于 2013 年 5 月 21 日,在学生活动中心举行,敬请光临!",文字横排。

◇页面(三)显示"演出安排",文字横排居中,应用样式"标题1"。

◇页面(四)显示两行文字,第 1 行为"时间:2013 年 5 月 21 日",第 2 行为"地点:学生活动中心"。竖排,左右居中显示。

四、Word 综合题

(一)操作说明

1."DWord. docx"文件在考生文件夹的 Paper/Dword 下。

2.点击"回答"按钮,调出 DWord. docx 文件,按下列要求操作,及时保存,结果存盘。

(二)操作要求

1.对正文进行排版

(1)使用多级符号对章名、小节名进行自动编号,代替原始的编号。要求:

◇章号的自动编号格式为:第 X 章(例:第 1 章),其中 X 为自动排序,阿拉伯数字,对应级别 1,居中显示。

◇小节名自动编号格式为:X.Y,X 为章数字序号,Y 为节数字序号(例:1.1),X、Y 均为阿拉伯数字。对应级别 2,左对齐显示。

(2)新建样式,样式名为:"样式"+"考生准考证号后 5 位"。其中:

◇字体:中文字体为"楷体",西文字体为"Times New Roman",字号为"小四";

◇段落:首行缩进 2 字符,段前 0.5 行,段后 0.5 行,行距 1.5 倍;两端对齐。其余格式默认设置。

(3)对正文中的图添加题注"图",位于图下方,居中。要求:

◇编号为"章序号"-"图在章中的序号",(例如第 1 章第 2 幅图,题注编号为 1—2);

◇图的说明文字使用图下一行的文字,格式同编号;

◇图居中显示。

(4)对正文中出现的"如下图所示"的"下图"两字,使用交叉引用。

◇改为"图 X-Y",其中 X-Y 为图题注的编号。

(5)对正文中的表添加题注"表",位于表上方,居中。

◇编号为"章序号"-"表在章中的序号"(如第 1 章第 1 张表,题注编号为 1—1)。

◇表的说明使用表上一行的文字,格式同编号。

◇表居中显示,表中文字不要求居中。

(6)对正文中出现的"如下表所示"的"下表"两字,使用交叉引用。

◇改为"表 X-Y",其中 X-Y 为表题注的编号。

(7)对正文中首次出现"Visio"的地方插入脚注.

◇脚注内容为"Visio 可以绘制图形。"

(8)将(2)中创建的样式应用到正文无编号的文字。注意:不包括章名、小节名、表文字、表和图的题注、脚注。

2.在正文前按序插入三节,使用 Word 提供的功能,自动生成如下内容:

(1)第 1 节:目录。其中"目录"使用样式"标题 1",并居中;"目录"下为目录项。

(2)第 2 节:图索引。其中:"图索引"使用样式"标题 1",并居中;"图索引"下为图索引项。

(3)第 3 节:表索引。其中:"表索引"使用样式"标题 1",并居中;"表索引"下为表索引项。

3.使用合适的分节符,对正文进行分节。添加页脚,使用域插入页码,居中显示。要求:

(1)正文前的节,页码采用"i,ii,iii,……."格式,页码连续;

(2)正文中的节,页码采用"1,2,3……"格式,页码连续;

(3)正文中每章为单独一节,页码总是从奇数开始;

(4)更新目录、图索引和表索引。

4.添加正文的页眉。使用域,按以下要求添加内容,居中显示。其中:

(1)对于奇数页,页眉中的文字为:章序号章名(例:第 1 章　×××)。

(2)对于偶数页,页眉中的文字为:节序号节名(例:1.1　×××)。

五、Excel 综合题

(一)操作说明

1."DExcel.xlsx"文件在考生文件夹的 Paper/Dword 下。

2.点击"回答"按钮,调出 DExcel.xlsx 文件,按下列要求操作,及时保存,结果存盘。

3.考生在做题时,不得将数据表进行随意更改。

(二)操作要求

1.将 Sheet5 中的 A1 单元格设置为只能录入 5 位数字或文本。当录入位数错误时,提示错误原因,样式为"警告",错误信息为"只能录入 5 位数字或文本"。

2.在 Sheet5 的 B1 单元格中输入分数 1/3。

3.使用数组公式,对 Sheet1 中"教材订购情况表"的订购金额进行计算。

＊将结果保存在该表的"金额"列当中。

＊计算方法为:金额＝订数＊单价。

4.使用统计函数,对 Sheet1 中"教材订购情况表"的结果按以下条件进行统计,并将结果保存在 Sheet1 中的相应位置。要求:

＊统计出版社名称为"高等教育出版社"的书的种类数,并将结果保存在 Sheet1 中的 L2 单元格中;

＊统计订购数量大于 110 且小于 850 的书的种类数,并将结果保存在 Sheet1 中的 L3 单元格中。

5.使用函数,计算每个用户所订购图书所需支付的金额,并将结果保存在 Sheet1 中的"用户支付情况表"的"支付总额"列中。

6.使用函数,判断 Sheet2 中的年份是否为闰年,如果是,结果保存"闰年";如果不是,则结果保存"平年",并将结果保存在"是否为闰年"列中。

＊闰年定义:年数能被 4 整除而不能被 100 整除,或者能被 400 整除的年份。

7.将 Sheet1 中的"教材订购情况表"复制到 Sheet3 中,对 Sheet3 进行高级筛选。

(1)要求:

＊筛选条件为"订数＞＝500,且金额＜＝30000";

＊将筛选结果保存在 Sheet3 中.

(2)注意:

＊无需考虑是否删除或移动筛选条件;

＊复制过程中,将标题项"教材订购情况表"连同数据一同复制;

＊数据表必须顶格放置;

＊复制过程中,数据保持一致。

8.根据 Sheet1 中的"教材订购情况表"的结果,在 Sheet4 中新建一张数据透视表。要求:

＊显示每个客户在每个出版社所订的教材数目;

＊行区域设置为"出版社";

＊求和项为"订数";

*数据区域设置为"订数"

六、PowerPoint 综合题

(一)操作说明

1."DPPT.pptx"文件在考生文件夹的 Paper/Dword 下。

2.点击"回答"按钮,调出 DPPT.pptx 文件,按下列要求操作,及时保存,结果存盘。

3.考生在做题时,不得将演示文件进行随意更改。

(二)操作要求

1.幻灯片的设计模板主题设置为"流畅"。

2.给幻灯片插入日期(自动更新,格式为 X 年 X 月 X 日);

3.设置幻灯片的动画效果,要求:

针对第二页幻灯片,按顺序设置以下的自定义动画效果:

◇将文本内容"RPC 背景"的进入效果设置成"中央向左右展开辟裂";

◇将文本内容"RPC 概念"的强调效果设置成"放大/缩小";

◇将文本内容"RPC 数据表示"的退出效果设置成"飞出";

◇在页面中添加"前进"(后退或前一项)与"后退"(前进或下一项)的动作按钮。

4.按下面要求设置幻灯片的切换效果:

◇设置所有幻灯片的切换效果为"居中涟漪";

◇实现每隔 3 秒自动切换,也可以单击鼠标进行手动切换。

5.在幻灯片最后一页后,新增加一页,设计出如下效果。单击鼠标,文字从底部垂直向上显示,设置效果分别为图(1)~(4)。

注意:字体、大小和颜色等自定。

图(1) 字幕在底端,未显示出   图(2) 字幕开始垂直向上

图(3) 字幕继续垂直向上   图(4) 字幕垂直向上,最后消失

附录 5

Office 客观题

一、单选题

1. 对 Word 中的形状,可进行的"形状填充"效果不包括下列( )选项。

A. "渐变"填充 　　　　　　　　　　B. "对比度"填充

C. "图片"填充 　　　　　　　　　　D. "纹理"填充

2. 在对 Word 文档操作时,应该在什么时候保持文档呢?( )

A. 开始工作后不久 　　　　　　　　B. 完成所有文字键入时

C. 完成所有样式设置时 　　　　　　D. 无关紧要

3. 在 Word 中,有关目录、索引和题注的命令都是在( )功能区里的。

A. 插入 　　　　　　　　　　　　　B. 页面布局

C. 引用 　　　　　　　　　　　　　D. 视图

4. 在 Word 中,关于"样式",下列说法错误的是( )。

A. 样式分为内置样式和自定义样式

B. 文字、段落、表格和图片都可以使用样式

C. 当不需要时,可删除内置样式

D. 可使用样式检查器比较两段文本的格式区别

5. 用 WORD 编辑长文档时,一般认为最佳的撰写视图组合是( )。

A. 导航窗格与页面视图 　　　　　　B. 导航窗格与大纲视图

C. 大纲视图与主控文档视图 　　　　D. 导航窗格与草稿视图

6. 关于 Word 文档的保存和发送,下列说法不正确的是( )。

A. 可将文档保存成 pdf 格式 　　　　B. 可将文档作为邮件附件发送

C. 可将文档发布为博客文章 　　　　D. 可将文档保存成 wps 格式

7. 在 Word 中,关于主控文档和子文档,下列说法错误的是( )。

A. 子文档其实是一个单独的文档

B. 可将两个子文档合并成一个子文档

C. 可将已有的文档转换成主控文档

D. 采用主控文档的方式安全性好,但文档启动会变慢

8. 下面不属于 Word 的视图方式是( )。

A. 普通视图 　　　　　　　　　　　B. 页面视图

C. 备注页视图 　　　　　　　　　　D. 大纲视图

9. 在 Word 中,可以进行交叉引用的对象不包括( )。

A. 脚注 　　　　B. 题注 　　　　C. 页脚 　　　　D. 编号项

10. 在 Word 中,关于域的说法,错误的是( )。

A. 域的实质是一段程序代码,文档中显示的内容是域代码的运行结果

B. 使用域可以提高文档的智能性

C. 域代码一般由域名、域参数和域开关组成

D. 使用域时,必须先手动输入"{ }"

11. 在 Word 中,Page 域的作用是(　　　　)。

A. 插入当前页的页码　　　　　　　　B. 插入文档的总页数

C. 插入当前节的编号　　　　　　　　D. 建立并插入目录

12. 对 Word 文档,在默认的打印设置下,下列哪个对象不会被打印出来?(　　　　)

A. 分栏　　　　　　　　　　　　　　B. 底纹

C. 批注　　　　　　　　　　　　　　D. 题注

13. 关于 Word"页面设置"对话框,其中"应用于"下拉菜单选项中不会包括(　　　　)。

A. 本节　　　　　　　　　　　　　　B. 整篇文档

C. 插入点之后　　　　　　　　　　　D. 选中的文本

14. 以下哪一个选项卡不是 Word 的标准选项卡(　　　　)。

A. 审阅　　　　　　　　　　　　　　B. 图表工具

C. 页面布局　　　　　　　　　　　　D. 开始

15. 如果要将某个新建样式应用到文档中,以下哪种方法无法完成样式的应用(　　　　)。

A. 使用快速样式库或样式任务窗格直接应用

B. 使用查找与替换功能替换样式

C. 使用格式刷复制样式

D. 使用 Ctrl+W 快捷键重复应用样式

16. 关于 Word 的页码设置,以下表述错误的是(　　　　)。

A. 页码可以被插入到页眉页脚区域

B. 页码可以被插入到左右页边距

C. 如果希望首页和其他页页码不同,只能设置"首页不同"

D. 可以自定义页码并添加到构建基块管理器中的页码库中

17. Word 文档的编辑限制包括(　　　　)。

A. 格式设置限制　　　　　　　　　　B. 编辑限制

C. 设置文件修改密码　　　　　　　　D. 以上都是

18. 在 Word 中,下列哪种目录不是通过标记引用项所在的位置生成的目录(　　　　)。

A. 图表目录　　　　　　　　　　　　B. 索引目录

C. 书目　　　　　　　　　　　　　　D. 章节目录

19. 在 Word 中,下列哪项无法通过设置内置标题样式来实现?(　　　　)

A. 自动生成题注编号　　　　　　　　B. 自动生成脚注编号

C. 自动显示文档结构　　　　　　　　D. 自动生成目录

20. 在 Word 的同一个页面中,如页面上半部为一栏,后半部为两栏,则应插入的分隔符号为(　　　　)。

A. 分页符　　　　　　　　　　　　　B. 分栏符

C. 分节符(连续)　　　　　　　　　　D. 分节符(奇数页)

21. 在 Word 新建段落样式时,下列不属于段落样式属性的是(　　　　)。

A. 语言　　　　　　　　　　　　　　B. 编号

C. 制表位　　　　　　　　　　　　　D. 文本框

22. 用 Word 进行书籍杂志排版,为将页边距根据页面的内侧、外侧进行设置,可将页面设置为(　　　　)。

A. 对称页边距　　　　　　　　　　　B. 拼页

C. 书籍折页 　　　　　　　　　　　　　D. 反向书籍折页

23. 在 Word 中,关于导航窗格,以下表述错误的是(　　　)。

A. 能够浏览文档中的标题 　　　　　　　B. 能够浏览文档中的各个页面

C. 能够浏览文档中的关键文字和词 　　　D. 能够浏览文档中的脚注、属注和题注等

24. 在 Word 中,SmartArt 图形不包含(　　　)项。

A. 图表 　　　　　　　　　　　　　　　B. 流程图

C. 循环图 　　　　　　　　　　　　　　D. 层次结构图

25. Excel 中,如果某单元格显示为若干个"♯"号(如♯♯♯♯♯♯♯♯),这表示(　　　)。

A. 公式错误 　　　　　　　　　　　　　B. 数据错误

C. 列宽不够 　　　　　　　　　　　　　D. 行高不够

26. Excel 中,若某单元格中的公式为"=If("教授">"助教",True,False)",其计算结果为(　　　)。

A. 教授 　　　　　　　　　　　　　　　B. 助教

C. TRUE 　　　　　　　　　　　　　　　D. FALSE

27. Excel 中,在单元格中输入公式,要以(　　　)开头。

A. 大于号 　　　　　　　　　　　　　　B. 数字

C. 等号 　　　　　　　　　　　　　　　D. 字母

28. 在 Excel 工作表中,(　　　)是单元格的混合引用。

A. B10 　　　　　　　　　　　　　　　B. $ B $ 10

C. B $ 10 　　　　　　　　　　　　　　D. B10 $

29. 在 Excel 中,函数 CountIf 的功能是(　　　)。

A. 计算某区域中满足给定条件的单元格的数目

B. 计算平均值

C. 求最大值

D. 计算单元格的数目

30. 在 Excel 中,如果想在单元格中输入一个编号 00010,应该先输入(　　　)。

A. = 　　　　　B. ′ 　　　　　C. " 　　　　　D. (

31. 在 Excel 中,如果单元格 F5 中输入的是"= $ C5",将其复制到 C6 中去,则 C6 中的内容是(　　　)。

A. $ D6 　　　　　　　　　　　　　　　B. D6

C. $ C6 　　　　　　　　　　　　　　　D. $ C5

32. 在 Excel 中,如果某单元格显示为♯VALUE! 或♯DIV/0!,这表示(　　　)。

A. 公式错误 　　　　　　　　　　　　　B. 格式错误

C. 行高不够 　　　　　　　　　　　　　D. 列宽不够

33. Excel 中,如果将 B3 单元格中的公式"=C3+ $ D5"复制到同一工作表的 D7 单元格中,该单元格公式为(　　　)。

A. =C3+ $ D5 　　　　　　　　　　　　B. =D7+ $ E9

C. =E7+ $ D9 　　　　　　　　　　　　D. =E7+ $ D5

34. Excel 中,在当前工作表上有一学生情况数据列表(包含学号、姓名、专业、3 门主课成绩等字段),如欲查询专业每门课的平均成绩,以下最合适的方法是(　　　)。

A. 数据透视表 　　　　　　　　　　　　B. 筛选

C. 排序 　　　　　　　　　　　　　　　D. 建立图表

35. 在 Excel 中,制作图表的数据可取自(　　　)。

A. 分类汇总隐蔽明细后的结果　　　　　B. 透视表的结果

C. 工作表的数据　　　　　　　　　　　D. 以上都可以

36. 在 Excel 中,为了取消分类汇总的操作,必须(　　　)。

A. 选择"编辑-清除"命令

B. 按 Delete 键

C. 在"分类汇总"对话框中单击"全部删除"按钮

D. 以上都不可以

37. 在 Excel 中,为了输入一批有规律的递减数据,在使用填充柄实现时,应先选中(　　　)。

A. 有关系的相邻区域　　　　　　　　　B. 任意有值的一个单元格

C. 不相邻的区域　　　　　　　　　　　D. 不要选择任意区域

38. Excel 中,要在当前工作表(Sheet1)的 A2 单元格中引用另一个工作表(Sheet4)中 A2 到 A7 单元格的和,则应在当前工作表的 A2 单元格中输入表达式(　　　)。

A. ＝Sum(Sheet4:A2:A7)　　　　　　B. ＝Sum(Sheet4!A2:Sheet4!A7)

C. ＝Sum((Sheet4)A2:A7)　　　　　　D. ＝Sum(Sheet4!(A2:A7))

39. 在 Excel 中复制公式时,不想改变公式中的部分数据,要用到(　　　)。

A. 相对引用　　　　　　　　　　　　　B. 绝对引用

C. 混合引用　　　　　　　　　　　　　D. 三维引用

40. 在 Excel 中,在单元格 G3 中有公式"＝If(G2＝0,"脱销",If(G2＜＝5,"库存不足",If(G2＞20, "滞销","库存正常")))",若 G2 中数据为 20,则 G3 中结果为(　　　)。

A. 脱销　　　　　　B. 库存不足　　　　　　C. 滞销　　　　　　D. 库存正常

41. 下列函数中,(　　　)函数不需要参数。

A. Date　　　　　　B. Day　　　　　　C. Today　　　　　　D. Time

42. 某单位要统计各科室人员工资情况,按工资从高到低排序,若工资相同,以工龄降序排序,则以下做法正确的是(　　　)。

A. 主要关键字是"科室",次要关键字是"工资",第二个次要关键字为"工龄"

B. 主要关键字是"工资",次要关键字是"工龄",第二个次要关键字为"科室"

C. 主要关键字是"工龄",次要关键字是"工资",第二个次要关键字为"科室"

D. 主要关键字是"科室",次要关键字是"工龄",第二个次要关键字为"工资"

43. 关于 Excel 表格,下面说法不正确的是(　　　)。

A. 表格的第一行为列标题(仅字段名)

B. 表格中不能有空行

C. 表格与其他数据间至少留有空行或空列

D. 为了清晰,表格总是把第一行作为列标题,而把第二行空出来

44. 计算贷款指定期数应付的利息额要使用(　　　)函数。

A. FV　　　　　　B. PV　　　　　　C. IPMT　　　　　　D. PMT

45. 在一个表格中,为了查看满足部分条件的数据内容,最有效的方法是(　　　)。

A. 选中相应的单元格　　　　　　　　　B. 采用数据透视表工具

C. 采用数据筛选工具　　　　　　　　　D. 通过宏来实现

46. 使用 Excel 的数据筛选功能,是将(　　　)。

A. 满足条件的记录显示出来,而删掉不满足条件的数据

B. 不满足条件的记录暂时隐藏起来,只显示满足条件的数据

C. 不满足条件的数据用另外一个工作表来保存起来

D. 将满足条件的数据突出显示出来

47. VLookup 函数从一个数组或表格的（　　　　）中查找含有特定值的字段,再返回同一列中某一指定单元格中的值。

    A. 第一行 　　　　　　　　　　　　　　B. 最末行

    C. 最左列 　　　　　　　　　　　　　　D. 最右列

48. 有关表格排序的说法正确的是（　　　　）。

    A. 只有数字类型可以作为排序的依据

    B. 只有日期类型可以作为排序的依据

    C. 笔画和拼音不能作为排序的依据

    D. 排序规则有升序和降序

49. 关于筛选,叙述正确的是（　　　　）。

    A. 自动筛选可以同时显示数据区域和筛选结果

    B. 高级筛选可以进行更复杂条件的筛选

    C. 高级筛选不需要建立条件区,只有数据区域就可以了

    D. 自动筛选可以将筛选结果放在自动的区域

50. 将数字向上舍入到最接近的偶数的函数是（　　　　）。

    A. Even　　　　　　B. Odd　　　　　　C. Round　　　　　　D. Trunc

51. 将数字向上舍入到最接近的奇数的函数是（　　　　）。

    A. Round　　　　　　B. Trunc　　　　　　C. Even　　　　　　D. Odd

52. 关于分类汇总,叙述正确的是（　　　　）。

    A. 分类汇总前首先应按分类字段值对记录排序

    B. 分类汇总可以按多个字段分类

    C. 只能对数值型字段分类

    D. 汇总方式只能求和

53. 在一工作表中筛选出某项的正确操作方法是（　　　　）。

    A. 鼠标单击数据表外的任一单元格,执行"数据-筛选"命令,鼠标单击想查找列的向下箭头,从下拉菜单中选择筛选项

    B. 鼠标单击数据表中的任一单元格,执行"数据-筛选"命令,鼠标单击想查找列的向下箭头,从下拉菜单中选择筛选项

    C. 执行"查找与选择-查找"命令,在"查找-查找内容"框输入要查找的项,单击"关闭"按钮

    D. 执行"查找与选择-查找"命令,在"查找-查找内容"框输入要查找的项,单击"查找下一个"按钮

54. 以下哪种方式可在 EXCEL 中输入文本类型的数字"0001"。

    A. "0001" 　　　　　　　　　　　　　　B. '0001

    C. \0001 　　　　　　　　　　　　　　　D. \0001

55. 返回参数组中非空值单元格数目的函数是（　　　　）。

    A. Count 　　　　　　　　　　　　　　B. CountBlank

    C. CountIf 　　　　　　　　　　　　　　D. CountA

56. 为了实现多字段的分类汇总,EXCEL 提供的工具是（　　　　）。

    A. 数据地图 　　　　　　　　　　　　　B. 数据列表

    C. 数据分析 　　　　　　　　　　　　　D. 数据透视图

57. Excel 一维垂直数组中元素用(　　)分开。

A. \　　　　　　　　B. /　　　　　　　　C. ,　　　　　　　　D. ;

58. 一个工作表各列数据均含标题,要对所有列数据进行排序,用户应选取的排序区域是(　　)

A. 含标题的所有数据区　　　　　　　B. 含标题的任一列数据

C. 不含标题的所有数据区　　　　　　D. 不含标题的任一列数据

59. 以下哪种方式可以在 Excel 中输入数值—6?(　　)

A. "6　　　　　　　B. (6)　　　　　　　C. \6　　　　　　　D. \6

60. Excel 图表是动态的,当在图表中修改了数据系列的值时,与图表相关的工资表中的数据会(　　)。

A. 出现错误值　　　　　　　　　　　B. 不变

C. 自动修改　　　　　　　　　　　　D. 用特殊颜色显示

61. 在 PPT 设置自定义动画时,下列哪项不是动画功能区的"计时-开始"下的选项?(　　)

A. 单击时　　　　　　　　　　　　　B. 与上一动画同时

C. 动画延迟　　　　　　　　　　　　D. 上一动画之后

62. PowerPoint 中,要改变超链接文本的颜色,需要在(　　)中进行设置。

A. 幻灯片母板　　　　　　　　　　　B. 幻灯片模板

C. 主题颜色　　　　　　　　　　　　D. 幻灯片版式

63. PowerPoint 中,下列关于触发器,说法错误的是(　　)。

A. 触发器是指通过设置可以在单击指定对象时播放动画

B. 幻灯片中只要包含动画效果、视频或声音,就可以为其设置触发器

C. 触发器可以实现与用户之间的双向互动

D. 触发器设置好后,只能使用一次。

64. 在"幻灯片浏览视图"中,可以在屏幕上同时看到演示文稿中的所有幻灯片,这些幻灯片是以(　　)形式显示的。

A. 图片　　　　　　　　　　　　　　B. 缩略图

C. 大纲　　　　　　　　　　　　　　D. 备注

65. PowerPoint 中,下列哪种动画效果不能应用于图片对象?(　　)

A. 飞入　　　　　　　　　　　　　　B. 缩放

C. 波浪形　　　　　　　　　　　　　D. 飞出

66. PowerPoint 中,可以对幻灯片进行移动、删除、添加、复制、设置动画效果,但不能编辑幻灯片中具体内容的视图是(　　)。

A. 普通视图　　　　　　　　　　　　B. 幻灯片浏览视图

C. 幻灯片放映视图　　　　　　　　　D. 大纲视图

67. 在 PowerPoint 中选择不连续的多张幻灯片,应借助于(　　)键。

A. Tab　　　　　　　　　　　　　　B. Ctrl

C. Alt　　　　　　　　　　　　　　D. Shift

68. PowerPoint 中,幻灯片母版是(　　)。

A. 用户定义的第一张幻灯片以使其他幻灯片调用

B. 可统一文稿各种格式的特殊幻灯片

C. 幻灯片模版的总称

D. 用户自行设计的幻灯片模版

69. 在 PowerPoint 中,可以为文本、图形等设置动画效果,使用(　　)选项卡中的"添加动画"命令。

　A. 动画　　　　　　　B. 视图　　　　　　　C. 切换　　　　　　　D. 放映

70. PowerPoint 中,如果想让公司徽标出现在每个幻灯片中,可把该徽标加入到(　　)中。

　A. 标题母版　　　　　　　　　　　B. 备注母版

　C. 幻灯片母版　　　　　　　　　　D. 讲义母版

71. PowerPoint 中,对幻灯片母版上文本格式的改动,(　　)。

　A. 会影响设计模板　　　　　　　　B. 不会影响标题母版

　C. 不会影响幻灯片　　　　　　　　D. 会影响标题母版

72. PowerPoint 中,如果要对多张幻灯片进行同样的外观修改,(　　)。

　A. 只需更改标题母版的版式

　B. 没法修改,只能重新制作

　C. 只需在幻灯片母版上做一次修改

　D. 必须对每张幻灯片进行修改

73. 如果将演示文稿保存为(　　)格式,则当打开这类文件时,它们会自动放映。

　A. ppsx　　　　　　　B. pptx　　　　　　　C. potx　　　　　　　D. wmf

74. 幻灯片模版文件的默认扩展名是(　　)。

　A. ppsx　　　　　　　B. pptx　　　　　　　C. potx　　　　　　　D. docx

75. 在一个演示文稿中选择了一张幻灯片,按下 DELETE 键,则(　　)。

　A. 这张幻灯片被删除,且不能恢复

　B. 这张幻灯片被删除,但能恢复

　C. 这张幻灯片被删除,但可以利用回收站恢复

　D. 这张幻灯片被移到回收站内

76. 在 PowerPoint 中如果希望在演示过程中终止幻灯片的放映,则随时可以按(　　)键。

　A. ESC　　　　　　　　　　　　　B. ALT＋F4

　C. CTRL＋C　　　　　　　　　　　D. DELETE

77. 在幻灯片中插入内置的动作按钮,应使用插入选项卡中(　　)下拉列表中的"动作按钮"。

　A. 幻灯片放映　　　　　　　　　　B. 形状

　C. 视图　　　　　　　　　　　　　D. 工具

78. 在"切换"选项卡内,可设置"持续时间",持续时间是指(　　)。

　A. 幻灯片放映停留时间　　　　　　B. 文字演示速度

　C. 声音播放速度　　　　　　　　　D. 换片速度

79. 插入超级链接,除了使用超级链接命令外,还可以使用(　　)。

　A. 动画效果　　　　　　　　　　　B. 幻灯片效果

　C. 幻灯片预览　　　　　　　　　　D. 动作设置

80. 在 PowerPoint 中,插入的图片必须满足一定的格式,在下列选项中,不属于图片格式的后缀是(　　)。

　A. bmp　　　　　　　B. gif　　　　　　　C. mps　　　　　　　D. jpg

81. 在 PowerPoint 中,对于已经创建的多媒体演示文档可以用(　　)命令转移到其他未安装 PowerPoint的机器上放映。

　A. 打包成 CD　　　　　　　　　　B. 发送

　C. 设置幻灯片放映　　　　　　　　D. 复制

82. 在 PowerPoint 的( )下,可以用拖动方法改变幻灯片的顺序。

A. 阅读视图   B. 备注页视图

C. 幻灯片浏览视图   D. 幻灯片放映

83. 在 PowerPoint 中,使用"开始"选项卡中的( )可以用来改变某一幻灯片的布局。

A. 背景   B. 幻灯片版式

C. 幻灯片配色方案   D. 字体

84. 在 PowerPoint 的打印设置中,不是合法的打印内容选项是( )。

A. 备注页   B. 大纲

C. 讲义   D. 幻灯片浏览

85. 在 PowerPoint 中,可通过( )按钮改变幻灯片中插入图表的类型。

A. 表格   B. 绘图

C. 文档结构图   D. 图表类型

86. 在 PowerPoint 中,不属于文本占位符的是( )。

A. 标题   B. 副标题

C. 图   D. 普通文本

87. 在( )状态下,不允许进行"幻灯片删除"的操作。

A. 幻灯片放映视图   B. 普通视图的大纲窗格

C. 普通视图的幻灯片窗格   D. 幻灯片浏览视图

88. 幻灯片母版中一般都包含( )占位符,其他的占位符可根据版式而不同。

A. 页脚   B. 标题   C. 文本   D. 图标

89. 对 PowerPoint 的描述,下列说法错误的是( )。

A. 可以动态显示文本和对象   B. 可以更改动画对象的出现顺序

C. 图表中的元素不可以设置动画效果   D. 可以设置幻灯片切换效果

90. 幻灯片放映过程中,单击鼠标右键,选择"指针选项"中的荧光笔,在讲解过程中可以进行写和画,其结果是( )。

A. 对幻灯片进行了修改

B. 不会对幻灯片进行修改

C. 写和画的内容将留在幻灯片上,下次放映还会显示出来

D. 写和画的内容可以保存起来,以便下次放映时显示出来

91. 幻灯片中占位符的作用是( )。

A. 表示文本长度   B. 限制插入对象的数量

C. 表示图形大小   D. 为文本、图形预留位置

92. 在 PowerPoint 中,PowerPoint 文档保护方法包括( )。

A. 用密码进行加密   B. 转换文件类型

C. IRM 权限设置   D. 以上都是

93. 在 PowerPoint 中,不是动画效果基本类型的是( )。

A. "进入"型   B. "退出"型

C. "强调"型   D. "混合"型

二、判断题

1. Word 的草稿视图方式下,页与页之间的分页符是用一条虚线表示的。

2. Word 中,在大纲视图下处理主控文档和子文档是最方便的。

3. Word 中的修订,用户可以根据需要接受或拒绝每一处的更改。

4. Word 中,主控文档与子文档之间的关系类似于索引和正文的关系.子文档既是主控文档中的一个部分,又是一份独立的文档。

5. Word 中,"节"是文档版面设计的最小有效单位,可以为节设置页边距、纸型或方向、打印机纸张来源、页面边框、页眉页脚等多种格式类型。

6. Word 中的"样式",实际上是一系列预置的排版命令,使用样式的目的是确保所编辑的文稿格式编排具有一致性。

7. 在建立新文档时,Word 将整篇文档默认为一节,在同一节中只能应用相同的版面设计。

8. Word 中,可以将文档保存为"纯文本"类型。

9. 关于样式,Word 中提供的标准样式可以被修改,也可以被删除。

10. Word 中,在修订状态下,对文档的任何操作都会被标记出来。

11. Word 中,Word 无法识别手动输入的章节号数字,只能识别系统的自动编号。

12. Word 中,目录的生成可以根据标题样式生成,也可以通过大纲级别生成。

13. Word 中,"邮件合并"功能,实际上是通过"邮件合并域"实现的。

14. Word 中,域代码是包含在一对花括号"{}"中的,"{}"必须手工输入,否则无效。

15. Word 中,分页符、分节符等编辑标记只能在草稿视图中查看。

16. Word 中,dotx 格式为启用了宏的模板格式,而 dotm 格式为无法启用宏的模板格式。

17. TC 中,文档的任何位置都可以通过运用 TC 域标记为目录项后建立目录。

18. Word 中,按一次 TAB 键就右移一个制表位,按一次 DELETE 键就左移一个制表位。

19. Word 中,文档右侧的批注框只用于显示批注。

20. Word 中,拒绝修订的功能等同于撤销操作。

21. Word 中,位于每节或者文档结尾,用于对文档中某些特定字符、专有名词或术语进行注解的注释,就是脚注。

22. Word 的屏幕图功能可以将任何最小化后收藏到任务栏的程序屏幕视图插入到文档中。

23. Word 中的域就像一段程序代码,文档中显示的内容是域代码运行的结果。

24. Word 中的书签名必须以字母、数字或者汉字开头,不能有空格,可以用下划线字符来分隔文字。

25. Word 中,如需使用导航窗格对文档进行标题导航,必须预先为标题文字设定大纲级别。

26. Word 在文字段落样式的基础上新增了图片样式,可自定义图片样式并列入图片样式库中。

27. Word 中,图片被裁剪后,被裁剪的部分仍作为图片文件的一部分被保存在文档中。

28. Word 中,中国的引文样式标准是 ISO690。

29. Word 中,如果需要对某个样式进行修改,可以点击插入选项卡中的"更新样式"按钮。

30. Word 中,如在文档中点击构建基块库中已有的文档部件,会出现构建基块框架

31. Word 中,如文档的左边距为 3cm,装订线为 0.5cm,则版心左边距离页面左边沿的实际距离为 3.5cm。

32. Word 中,如文档的下边距为 3cm,页脚区为 0.5cm,则版心底部距离页面底部的实际距离为 2.5cm。

33. Excel 中,对单元格 $B$1 的引用是混合引用。

34. Excel 中,函数 SUMIF 的功能是条件求和。

35. Excel 中,进行自动填充时,鼠标的指针是黑十字形。

36. Excel 中,排序时,只能指定一种关键字。

37. Excel 中,在分类汇总前,需要先对数据按分类字段进行排序。

38. Excel 中,B4 中为"50",C4 中为"＝＄B4",D4 中为"＝B4",则 C4 和 D4 中最后显示的数据没有区别。

39. Excel 中,在某个单元格中输入公式"＝SUM(＄A＄1：＄A＄10)"或"＝SUM(A1：A10)",最后计算出的值是一样的。

40. Excel 所选单元格中创建公式,首先应键入"："。

41. Excel 中,如果想在单元格中输入一个负数"－1",可以输入"(1)"。

42. Excel 中,将行或列隐藏起来后,数据已经被删除。

43. Excel 中,对数据进行筛选后,未显示数据已经被删除。

44. 如需编辑公式,可以点击"插入-π"图标启动公式编辑器。

45. Excel 中的数据库函数都以字母 D 开头。

46. Excel 中使用数组公式进行计算区域的单元格可以单独编辑。

47. 只有每列数据都有标题的工作表才能使用记录单功能。

48. 修改了图表数据源单元格的数据,图表会自动跟着刷新。

49. Excel 中,符号"&"是文本运算符。

50. Excel 中提供了保护工作表、保护工作簿和保护特定工作区域的功能。

51. 数据透视表中的字段是不能进行修改的。

52. HLookup 函数是在表格或区域第一行搜寻特定值。

53. 分类汇总只能按一个字段分类。

54. Excel 中数组常量中的值可以是常量和公式。

55. 当原始数据发生变化后,只需要单击"更新数据"按钮,数据透视表就会自动更新数据。

56. Excel 的同一个数组常量中不可以使用不同类型的数值。

57. Excel 中,数组常量不得含有不同长度的行或列。

58. Excel 中,高级筛选不需要建立条件区,只需要指定数据区域就可以。

59. Excel 中,数组常量可以分为一维数组和二维数组。

60. 在排序"选项"中可以指定关键字段按字母排序或笔画排序。

61. Excel 中排序时,如果有多个关键字段,则所有关键字段必须选用相同的排序趋势(递增/递减)。

62. 自动筛选的条件只能是一个,高级筛选的条件可以是多个。

63. Excel 中,不同字段之间进行"与"运算的条件必须使用高级筛选。

64. Excel 中,不同字段之间进行"或"运算的条件必须使用高级筛选。

65. 幻灯片在放映时,如果使用画笔,那么单击鼠标不会换片。

66. PowerPoint 中,占位符是指应用版式创建新幻灯片时出现的虚线方框。

67. PowerPoint 中,要修改已创建超级链接的文本颜色,可以通过修改主题颜色中的配色方案来完成。

68. PowerPoint 中,如果用户对已定义的版式不满意,只能重新创建新演示文稿,无法重新选择自动版式。

69. PowerPoint 中,在幻灯片浏览视图方式下是不能修改幻灯片内容的。

70. PowerPoint 自动版式提供的正文文本往往带有项目符号,并以列表的形式出现。

71. PowerPoint 的演示文稿是以.pps 为默认文件扩展名保存的。

72. PowerPoint 中的每张幻灯片都有一张备注页。

73. PowerPoint 中,设置循环放映时,可按 Esc 键终止放映。

74. PowerPoint 中,更改背景和配色方案时,"全部应用"和"应用"按钮的作用是一样的。

75. PowerPoint 中，对设置了排练时间的幻灯片，也可以手动控制其放映。

76. PowerPoint 中的自动版式提供的正文文本往往带有项目符号，项目符号不可以取消。

77. PowerPoint 中可以将幻灯片保存为网页文件。

78. 插入到 PowerPoint 中的图片可以直接在 PowerPoint 编辑窗口中旋转。

79. PowerPoint 中对标题母版所做的修改会影响到所有的幻灯片

80. PowerPoint 中，通过选择"插入-媒体"能够将音频文件添加到演示文稿中。

81. PowerPoint 中，若想在一张纸上打印多张幻灯片必须按大纲方式打印。

82. 在放映方式中，"演讲者放映""观众自行浏览"和"在展台浏览"均以全屏方式显示。

83. 如果要从一个幻灯片淡出并淡入到下一个幻灯片，应使用"切换"选项卡进行设置。

84. 打包文件必须在 PowerPoint 环境下才能解包。

85. 通过排练计时设定幻灯片切换时间后，无法通过单击鼠标提前切换到下一张幻灯片。

86. PowerPoint 中，如果需要插入旁白，可在"幻灯片放映"选项卡中进行设置。

87. PowerPoint 中，对设置了排练时间的幻灯片，不可以手动控制其放映。

88. PowerPoint 中，如果需要在占位符以外的其他位置增加标识或文字，可以使用文本框来实现。

89. PowerPoint 中，用户可以自己设计模板，自定义的设计模板可以保存在 Templates 文件夹中。

90. 如果要想使某个幻灯片与其母版的格式不同，可以直接修改该幻灯片。

91. 在幻灯片放映视图下，要打开放映控制菜单，可以单击屏幕上除"放映控制"按钮外的任意位置。

92. 演示文稿背景色最好采用统一的颜色。

93. PowerPoint 中，对幻灯片母版的设置，可以起到统一标题内容的作用。

94. PowerPoint 中，可以改变单个幻灯片背景的图案和字体。

95. 在幻灯片中，超链接的颜色设置是不能改变的。

96. 当在一个幻灯片中将某文本行降级时，使该行缩进一个幻灯片层。

97. PowerPoint 中，旋转工具能旋转文本和图形对象。

98. PowerPoint 中，在自定义动画时，可以通过设置触发器来启动相应的动画效果。

99. PowerPoint 中，在为某对象设置动画时，可以打开该动画对应的对话框进行设置。

100. PowerPoint 中，每个自定义动画都有一个对应的动画效果对话框，不过所有动画效果的对话框都一样。

三、参考答案

单选题答案

题号	1	2	3	4	5	6	7	8	9	10
0+	B	A	C	C	A	D	D	C	C	D
10+	A	C	D	B	D	C	D	C	B	C
20+	A	A	D	A	C	D	C	C	A	B
30+	C	A	C	A	D	C	A	B	B	D
40+	C	A	D	C	C	B	C	D	B	A
50+	D	A	B	B	D	D	D	A	B	C
60+	C	C	D	B	C	B	B	B	A	C
70+	B	C	A	C	B	A	B	D	D	C
80+	A	C	B	D	D	C	A	A	C	D
90+	D	D	D							

判断题答案

题号	1	2	3	4	5	6	7	8	9	10
0+	对	对	对	对	对	对	对	对	错	对
10+	对	对	对	错	错	错	错	错	对	对
20+	错	错	对	错	对	错	对	错	错	对
30+	错	错	错	对	对	错	对	对	对	错
40+	对	错	错	对	对	错	对	对	对	对
50+	错	对	错	错	对	错	对	错	对	对
60+	错	错	错	对	对	对	对	错	对	对
70+	错	对	对	错	对	错	对	对	错	对
80+	错	错	对	错	错	对	错	对	对	对
90+	错	对	错	对	错	对	对	对	对	错